U0654924

自信力

中国孩子50个自信力养成计划

杨冬雪 杨卉慈 张秋菊 ◎ 著

一线教育工作者+专业心理咨询师　联袂撰写

将提升孩子自信力与青少年心理研究落地结合

中华工商联合出版社

图书在版编目(CIP)数据

自信力 / 杨冬雪，杨卉慈，张秋菊著. -- 北京：
中华工商联合出版社，2020.11
ISBN 978-7-5158-2868-8

Ⅰ.①自… Ⅱ.①杨… ②杨… ③张… Ⅲ.①自信心
－通俗读物 Ⅳ.①B848.4－49

中国版本图书馆CIP数据核字（2020）第 206776 号

自信力

作　　者：杨冬雪　杨卉慈　张秋菊
出 品 人：李　梁
责任编辑：胡小英　马维佳
装帧设计：周　琼
责任审读：李　征
责任印制：迈致红
出版发行：中华工商联合出版社有限责任公司
印　　刷：北京毅峰迅捷印刷有限公司
版　　次：2021 年 3 月第 1 版
印　　次：2021 年 3 月第 1 次印刷
开　　本：710mm×1020mm　1/16
字　　数：200 千字
印　　张：15
书　　号：ISBN 978－7－5158－2868－8
定　　价：45.00 元

服务热线：010－58301130－0（前台）
销售热线：010－58302977（网店部）
　　　　　010－58302166（门店部）
　　　　　010－58302837（馆配部、新媒体部）
　　　　　010－58302813（团购部）
地址邮编：北京市西城区西环广场 A 座
　　　　　19－20 层，100044
http://www.chgslcbs.cn
投稿热线：010－58302907（总编室）
投稿邮箱：1621239583@qq.com

工商联版图书
版权所有　侵权必究

凡本社图书出现印装质量问
题，请与印务部联系。
联系电话：010－58302915

身处一线教育工作岗位，并作为专业的心理咨询者，我们经常接受很多父母的咨询，他们的孩子多是患有分离焦虑症、社交恐惧症、恐慌症。各个家庭的状况不同，但这些孩子所呈现出的共同点有很多：性格内向、不主动与人交往、行为消极参与感不强。

出现了上述症状，一定是培养的过程出现了问题或不适。

出了问题，家长第一时间可能会带着问题去书中寻找答案，但现在很多家庭教育类的书，可能空谈大道理，读者看了感觉无法实际操作，不能与自家孩子的成长联系起来，看与不看都无关痛痒；也有对某种青少年心理障碍进行专业讲解的书，有较强的实操性，但读来又让人觉得过于专业晦涩，自家的孩子还远未严重到这种程度。

因此，根据我们在一线教育工作中对孩子直接而广泛的接触，加上心理咨询的专业性，我们几位作者在编写本书的起始，就将孩子成长中可能出现的广泛问题集中在"凡凡"这个女孩及其家庭当中。这些具体问题集中在"凡凡"身上，而"凡凡妈妈"也如同生活中陪伴孩子成长的普通妈妈一样，为孩子的每一点进步而欣喜，又为每一点问题而焦虑。如此，既把我们在实际工作中遇到的典型家庭个案做了隐私处理，又能方便读者朋友阅读和学习。

同时，在内容讲述上，我们基本以发生在常规家庭、孩子身上的点滴细节为主，以分享的方式讲述"凡凡"的成长之路，不讲大道理也不灌"心灵鸡汤"。它更像是汇聚了千万个中国家庭孩子成长路上的镜头碎片，能够以最接地气的方式，让更多读者和家庭一起去感知孩子出现的成长问题，并在讲述当中自然而然地分析孩子包括家长自身出现的问题，并能找到这些具体问题的应对策略，进而提高孩子自信力并逐步摆脱自我怀疑。

我们希望本书的内容，可以真正帮助到那些渴望解决孩子身上的问题，希望孩子真正走向独立的父母和家庭；希望它成为一本辅助青少年成长的阅读参考书，可以成为家庭其他成员和亲属、校内外教育人士尤其青少年心理辅导人员和其他线上教育从业人员的实用性资源。

英国心理学家克莱尔说过："世界上所有的爱都以聚合为最终目的，只有一种爱以分离为目的，那就是父母对孩子的爱。"

终有一天，我们的孩子会离开我们，独自踏上人生的旅程，再多物质和金钱上的馈赠也仅能填满孩子干瘪的行囊，而无法撑起一颗无力、脆弱的心。

愿我们和孩子都能在未来的人生道路上，一起成长。

祝福你！

目　录
Contents

第1章
有自信的孩子内心足够富足

第2章
帮助孩子成长为独立的自己

第**3**章

挫折下的自信力达成

第**4**章

人际交往中的自信力提升

第 7 章

内心强大无畏人生"险恶"

第 8 章

重塑自我信心的六个好习惯

第1章

有自信的孩子
内心足够富足

自 信 力

养成计划 01
所谓的"富养"，就是爱的供养

孩子生活的环境，

将造就他成为什么样的人，

家庭环境对孩子的成长，

几乎起着决定性的作用，

一个温馨、健康、和睦的家庭氛围，

才能让孩子的内心拥有安全感，

即便遭遇再大的磨难，

也深信自己能够承受得起。

最好的爱，是父母相爱

一个父母恩爱、家庭气氛融洽的家庭，对一个孩子的成长到底有多重要，一个发生在我身边的例子就能说明。

阳是和我从小一起长大的闺蜜。她的人就如她的名字一样，阳光开朗，跟她相处时，总是能有如沐春风般的感受。结婚后，阳遇到了一个比较挑剔的婆婆，先是挑剔她家庭条件不好，后又挑剔她工资不高，处处为难她，就算她一个人带孩子手忙脚乱时，婆婆也永远是冷眼旁观。孩子六个月大，阳该上班了，婆婆却以各种理由不愿意看孩子，阳只能每天早早起床，坐半个多小时的公交车，将孩子送到自己的父母家，然后再坐公交车去上班。

每每看到阳因为睡眠不足导致的黑眼圈时，作为朋友的我们总是免不了为她打抱不平，但是阳总是笑着安抚我们，她坚信"精诚所至，金石为开"。结果真的如她所愿，婆婆渐渐对她敞开心扉，不再处处为难她，并主动揽下了看护孩子的事务。而阳也没有因此而觉得理所应当，她反而觉得婆婆帮了自己的大忙，一定要感谢婆婆，所以每天下班回家后，都会抢着做家务。

如果换作旁人，可能早就跟婆婆分开住甚至可能闹到离婚的地步，但阳"以柔克刚"，完美解决矛盾。这跟阳的成长环境息息相关。阳的家庭条件很一般，但却是我所见过的家庭中，最和谐的家庭，与她家做邻居二十载，我从未听到过她父母有争吵的时候。

印象最深的一次，我在阳家玩儿。阳的妈妈做了绿豆面皮，热情地招呼我留下来品尝，但是等做好后，味道却不如阳妈妈预期中的好吃。所以，在饭桌上，阳的妈妈一直在自责，认为自己应该少放一些绿豆面多放一些水。阳的爸爸听到后，用筷子夹起了一大口，放进了嘴里说："我觉得味道不错，比外面买的好吃多了。"说完，还抿了口小酒，表现出回味无穷的样子。阳的妈妈一听，嗔怪说："你就会说好听的哄我。"嘴上虽然这样说，但是脸上却掩饰不住笑意。

这段对话在外人看来，更像是刚刚结婚激情还在的小两口所说的话，现实却是他们已经结婚四十余年了，而这四十多年里，他们每一天都是这样过的。当初，阳的奶奶与他们住在一起时，也从未出现过婆媳矛盾。阳的奶奶为年轻人考虑，在阳的父母上班时，承担起了大部分家务。阳的妈妈因为婆婆受累了，所以能多干活时绝不少干，对老人更是处处透着尊敬。阳的爸爸因为母亲劳累，妻子孝顺，更觉得自己应该做得更好，所以在孝顺自己母亲的同时，也更加体贴妻子。一家人的关系就是良性循环，每一个人都努力呵护对方。

阳便是在这样的家庭环境中成长起来的，或许她的父母没有给她创造更好的物质条件，但是却用充满爱的家庭关系滋养了她。当生活给阳出难题时，她的脑海中总会想起自己的母亲与奶奶相处时的点点滴滴，母亲对待老人的大度与谦卑，总是能让阳的心情在低到最谷底时回升，也正是这样，她才能变负为正，将自己内心的爱，传递到另一个家庭中，让原本并不看好她的婆婆，被她内心的爱所打动。

这才是"富养"，"富"的不是物质，而是"爱"。父母之间彼此相爱，亲人之间彼此尊重，便能给孩子最大的安全感，能够让他在这个充满爱的家庭中，成长为一个内心强大的孩子。

自信满满背后，是有人无条件地支持

没有人是完美无缺的，

孩子更是如此。

爱孩子，

就应该接纳孩子的所有，

包括那些缺点和不足。

要知道，每个自信满满的孩子，

背后都站着，

无条件支持他的家长。

无论何时，不要背叛孩子

在《拥抱不完美》一书中，讲了这样一个小故事：一天，布朗带着八岁的女儿逛百货公司买鞋子，正巧商场里播放了一首十分流行的歌曲，她的女儿竟当众随着音乐跳起舞来。女儿奇怪的舞姿立刻吸引了其他顾客的注意，她们一边看着布朗的女儿，一边窃窃私语，布朗从她们脸上看到的不是欣赏和鼓励，而是嘲笑与讥讽。

布朗的女儿似乎也注意到了这些，她停下了动作，不知所措地看着自己的妈妈，眼神中流露出的无助，似乎在向妈妈询问"接下来，我该怎么办？"布朗当时也感到难为情极了，但是她却没有表现出来，而是看着自己的女儿说："你还可以加进稻草人的动作。"女儿听到布朗的话，眼睛里立刻放出光芒，又继续开心地跳起舞来。而布朗站在一旁专心地看着女儿的即兴表演，因为她不想"背叛"自己的女儿。

看到这个故事的时候，我很是感动。我们总是口口声声说着爱孩子，可是当孩子淘气捣乱，甚至是让自己丢脸的时候，我们又是如何表现的呢？

凡凡刚上幼儿园时，有一次放学后，老师当着凡凡的面对我讲了凡凡在学校的表现，因为犯了错误，老师批评了她，她竟然举起了小手对老师说："我要打你了！"老师问她："你怎么可以打老师呢？"凡凡说："我妈妈让我打的！"

老师说完，用"责备"的眼神看着我，似乎在问："你是怎么教孩子的？怎么能教孩子打人呢？"当时的我感到十分委屈，因为我绝对没有对孩子这样说过。再看凡凡当时的样子，她低着小脑袋，将手指头绕在衣服的带子上，一圈又一圈。我急于为自己辩解，拽开她的手，严厉地问她："妈妈什么时候这样说过？"

凡凡的头低得更深了，轻轻地说："妈妈没有这样说。"最后一个字，轻得几乎听不见，但我却如沉冤昭雪般松了一口气。那天从放学一直到晚上睡觉，凡凡的情绪都很低落。第二天到幼儿园，看见在门口迎接的老师，凡凡没有像往常一样热情地奔跑过去，而是低着头匆匆从老师身边穿过，独自走进了教室。

事后很久，我与一位朋友聊及此事，原意是想说现在的孩子都懂得用家长来压制老师了，结果却遭到了朋友严厉的批评："你当时只顾着自己的颜面问题了，有没有考虑过凡凡的感受？你将她置于当场对质的境地，让她在老师面前被迫承认自己说谎，孩子心里会好受吗？孩子之所以用你来'对付'老师，是因为在孩子心里，家长跟自己是一伙儿的，可你倒好，在是非面前，直接将自己撇干净了。"

朋友的一席话，让我的心立刻焦灼了起来，是啊，我怎么没有想到这一层呢？仔细想想，其实这件事情并不能完全怪孩子。孩子说出这句话时，只是一种自我保护的表现，而老师却要引导孩子交出背后的"真凶"，那么为了保护自己，孩子只能选择将自己最信任的人搬出来。孩子那样信任我，而我却在她需要我为她"撑腰"的时候，弃她于不顾。

为此，我连续好几天都没有睡好觉，后悔自己辜负了孩子对自己的信任，后悔自己没有及时反省，跟孩子道歉。

孩子让你丢脸时，请你站在她身后

如果孩子真的犯了错，也要这样维护吗？那不就成"护犊子"了吗？对此，我想说的是，不是去维护，而是给孩子一个公正的对待。

凡凡上小学后，我唯一一次被老师"叫家长"，是因为凡凡在学校打人了，而且打的还是一个男生。当我怀着忐忑不安的心情走进老师办公室时，一眼就看见站在办公桌前"低头思过"的凡凡，还有她手上触目惊心的两道血痕，我的心顿时就揪到了一起。

见我来了，老师也走了过来，向我说了当时的情况。当时正是下课时间，不知因为什么，凡凡就跟小男孩扭打到一起，等老师拽开他们时，小男孩的鼻子已经被打流血了。小男孩不停地哭，周围的同学都说是凡凡先打的人，所以老师就将凡凡留了下来。

"哎，你说她一个女孩子，平时也挺听话的，怎么还能把男生打哭呢？"老师说着，脸上摆出一副"恨铁不成钢"的样子，似乎对凡凡的"惩罚"是为了她好。

"既然两个孩子都参与了这次事件，那为什么只让凡凡一个人在办公室站着，另一个孩子呢？"我没有理会老师的话，从当时的局面看来，这样的"惩罚"对凡凡很不公平，我只想为她讨回"公道"。

老师显然没有意识到我会这样发问，愣愣地盯着我看了足有三十秒后，说："那孩子不是受伤了吗？所以让他在教室里休息。"说完，老师看了看凡凡手上的伤，有些心虚，也不敢再看我的眼睛。

"可是凡凡也受伤了，我带她先回家休息一下。"说完，不顾老师在后面说了什么，我就领着凡凡走出了学校。

在回家的路上，凡凡主动地承认了自己的错误。她告诉我之所以动手打人，是因为对方偷拿了她新买的橡皮，在争抢过程中，对方误伤了她的手，她一气之下才将对方鼻子打破了。这不正是我们教育孩子的目的吗？有时候，批评和维护都不是最好的选择，而是给孩子公正，孩子自然就会去反省自己的行为了。

我相信，没有家长会故意去伤害自己的孩子，很多伤害都是无意中造成的，甚至有时候，这种"伤害"还会被我们冠以"为你好"的美名。我们给予孩子的爱，不仅只为温暖他，还要让他强大起来。强大自信的背后，一定有来自家长的无条件支持，就算孩子做错了事情，也要让他体会到，爸爸妈妈不会因此不爱他，无论什么时候，家长都会站在他的身后。

暴力，将在孩子内心埋下阴影

爱孩子，

就是在孩子犯了错时，

控制自己的脾气，

不要打骂孩子，

更不要对孩子使用冷暴力。

因为这样做或许能解决一时的问题，

却会对孩子造成终身的心理影响。

不使用暴力，才能教出好孩子

在第一期《爸爸去哪儿》中，郭涛的儿子时时刻刻在小伙伴面前充当大哥哥的角色，好像自己什么事情都能搞定。但是当"村长"李锐问他："爸爸爱你吗？"他不太自信地回答："有时候爱吧。""村长"诧异："有时候爱你？"石头假装洒脱地回答说："不理我就是不爱我呗！"

我的一个表姐，从小别人问她"你是爱爸爸？还是爱妈妈？"时，她的答案永远是"爱爸爸"，直到长大成人，她跟爸爸的关系依旧更好一些。直到有一次听到她妈妈的育儿理论，我才理解了她的选择。在她妈妈的思想里，小孩子犯错不用打也不用骂，只要晾个两三天，孩子自然就知道错了。所谓的"晾"就是不搭理。矛盾冲突最厉害的时候，表姐与她母亲一个多月没有说话，母女二人若是有必须要传达的话，就通过传纸条。那个月正巧表姐的父亲出差，母亲不理她，也自然不会与她同桌吃饭，所以每天回家后，她都自己泡方便面吃。

表姐曾对我说过，每当她母亲不理睬她时，她都感觉十分痛苦，甚至想过一死了之。因为母亲的影响，当她与朋友之间有了矛盾后，也会不自觉地采用冷暴力对待对方，直到朋友主动跟她认错，那时她心中才有一种"报复"的快感。

有的家长不会打孩子，也不会骂孩子，但是他们会"冷却"孩子，就是在孩子犯错后，拒绝跟孩子说话，也拒绝跟孩子有肢体上的接触，直到自己的气消了，才会恢复往常的样子。其实，这种"冷暴力"比暴力更加可怕，打骂至少在某种程度上说明爸爸、妈妈还在关注自己，而不理不睬则彻底将自己置于不被关怀的境地之中，时刻忍受着"爸爸、妈妈不爱我了"的恐慌情绪。

心理学家认为在家庭教育中，长期遭受冷漠对待的孩子容易形成孤僻性格，不愿和别人沟通交流，心理不能健康地发展。这种环境下长大的孩子也会在潜移默化中变得很冷漠，对他人也是漠不关心，甚至有可能成为冷暴力这个"接力棒"的传递者，尤其是他们在处理自己家庭的问题时也可能出现障碍。

那么，孩子犯错时，我们该怎么办呢？难道就任由其朝着错误的方向发展而去吗？当然不是。不使用任何暴力手段，跟给孩子定下规矩并不冲突。

在凡凡的成长过程中，有几次令她印象深刻的被"打"经历。一次是她故意将地上捡起来的东西放到嘴边舔。当时她正生着病，还咳嗽，在电视上看到冰激凌的广告，就嚷嚷着非要吃冰激凌，在被我拒绝后，她赌气捡起地上一个浇水用的杯子，放到嘴边舔了起来。

我先是告诉她，杯子上有细菌不能舔，并向她保证，一旦她的病痊愈了，就立刻让她吃冰激凌。可是处在激动情绪中的凡凡，根本不听我的劝告，我越是与她争夺杯子，她越是死死咬住不松嘴。我一气之下，照着她的小屁股上拍了一巴掌，那一巴掌算不上重，但是足以让她感觉到疼痛了。

从那以后，凡凡就知道，如果妈妈说不能吃的东西，哭闹也没有用，反而还会被打。之后出现过几次情况，也大多类似，都是在对她好言相劝她不听的时候，用手拍一下屁股，以示惩戒。但需要注意的是，并不是孩子让自己生气的所有时刻都要用这一巴掌来解决，我们必须要有自己的界限，并且这个界限是透明公正的，不能今天这样可以，明天这样就不可以了。

就比如说，我告诉凡凡在别人家要吃饭或是要睡觉的时候，不管自己玩得多么开心，有没有尽兴，都应该立刻回家。这就是界限，如果她遵守了，我一定会表扬她；如果她忘记了，我会提醒她，适当给予一定的弹性空间；如果提醒过后，她依旧不听，并且采取哭闹耍赖的方式来抵抗我，那么就等于"越界"，就会被打小屁股。

另外，可以适当用力打一巴掌，并不代表就是在使用暴力。暴力，是成人依仗自己更大更强壮，将惩罚孩子当作是自己的特权，自己始终处在一种居高临下的状态。而上文所讲的方法，是一种势均力敌的对抗，用这种方式，告诉孩子"前面是堵墙，再往前走，就会撞出一个大包来"。

养成计划 `04`

女孩是天使，更要骄傲地成长

每个女孩都是纯洁的小天使，

需要父母给予更多的爱，

需要父母用心呵护，

用心去疼爱，

这样她们才能学会为自己骄傲，

健康地成长。

请给予男孩和女孩同样的爱

如果有生二胎的打算，如果头胎还是个小女孩的话，请家长做好以下准备。

在儿子还没出生前，就让女孩知道，弟弟不是来平分母亲的爱，而是跟自己一起享受更多的母爱，而且自己在今后的生活中，也必须要这样做。

弟弟出生后，在关注弟弟的同时，也给女儿更多的关爱。

我有一个朋友，从一开始就抱着要儿女双全的心思，所以在女儿三岁的时候，她马不停蹄地怀上了二胎，并且如愿以偿，是个男孩。开始的时候，女儿对自己即将拥有一个小弟弟格外开心，时不时摸着妈妈的肚子说："等小弟弟出生后，我要推着他出去玩儿。"

然而，等弟弟出生后，却变成了另外一番景象。小女孩看着摇篮里的弟弟很是不安，尤其是到了晚上的时候，妈妈越是急着哄弟弟睡觉，她就越是要在妈妈身边捣乱。有时候朋友被烦得不行，会忍不住训斥女儿："弟弟还小，你已经是姐姐了，要学着听话。"

结果女儿不但没有变得听话，反而变着法地让朋友操碎了心。比如小女孩会趁着他们夫妻不注意的时候，狠狠地打弟弟两下，或者学着弟弟的样子，专门把尿撒在地板上；原本早已经用水杯喝奶了，却也要改用奶瓶喝……

其实，小女孩这一系列反常的行为，只是想得到爸爸妈妈更多的关爱。别忘了，她曾经是被捧在手心里的珍宝，时刻被爸爸妈妈关爱的目光追随着。

在姐姐和弟弟相处时，作为家长，要一碗水端平。

记得我小时候可以说是在奶奶家长大的，奶奶家还有叔叔家的弟弟。奶奶从来没有因为我是女孩，而偏向过弟弟。如果有好吃的东西，一定是平均分配。吃苹果时，从来都是给我大的，给弟弟小的，原因很简单，年龄大的吃得多，年龄小的胃口也小。在我和弟弟发生冲突的时候，奶奶大多数时候，会首先批评弟弟的淘气，然后才会批评我不该跟弟弟计较。当家中不得不剩下我们二人时，奶奶从来不会对我说："你要让着弟弟，不要欺负弟弟。"而是先对弟弟说："你在家要听话，听姐姐的话。"然后才会对我说："弟弟小，你要帮奶奶照看好弟弟。"

　　所以，在我心里，从来不会觉得"女子不如男"，因此也从来不会因为自己是女人，就给自己的人生设限。

历经人生风雨，才能走向独立坚强

孩子吃一些苦，

多经历一些人生风雨，

才能真正明白该怎样战胜这些困难。

一个独立坚强的孩子，

一个能够自己战胜风雨的孩子，

才会成为一个能够战胜怯懦，

让自己获得超强自信的孩子。

不吃苦的女孩有苦吃

在我们眼中，女孩就是一朵娇嫩的花，所以我们对她加倍呵护，生怕她受到一丁点的委屈和伤害。不过，著名作家冰心却这样告诫我们："成功的花，人们只惊羡她现时的明艳！然而当初她的芽儿，浸透了奋斗的泪泉，洒遍了牺牲的血雨。"

即使是鲜花，也只有经历过风雨后才能灿烂绽放。所以，作为家长，我们也要反省一下自己以往的教育理念，看看自己对女孩是不是太过娇宠了。要知道，吃苦可不仅仅是男孩的专利，就算是"富养"的女孩，也是要吃些苦的。

我们应该想到，有一天我们的孩子尤其是女孩也需要独自解决很多难题，克服许多困难。换句话说，如果现在不让我们的孩子吃点苦，那么将来一定会吃更多的苦。因为一个连吃苦都做不到的孩子，日后又如何能去应付复杂的社会？如何去面对生活中遭遇的挫折呢？

培养孩子的吃苦耐劳精神很简单，就是将这种吃苦精神融入生活当中，而不是一次两次的假意安排。其实，生活中有很多可以锻炼女孩吃苦的机会，比如，让她们利用假期去参加一些义务劳动或勤工俭学活动，遇到学习困难、朋友疏远或友情破裂的问题时学会自己解决等等，都是很好的锻炼机会。

年幼时期的玩伴小苏，因为父母离异，母亲身体又不好，她几乎承担起了所有的家务。每天放学的路上，别家孩子还在向父母求买零食，她已经在帮妈妈买菜了；回家后，别家的小孩儿在看动画片，而她已经在烧水、煮饭、等妈妈下班了；周六日，当别的孩子在家睡懒觉，或到处疯玩儿的时候，她却在家帮妈妈打扫屋子、洗衣服……

周围的邻居偶尔会发出同情的声音，觉得这么小的孩子却要吃这么多苦，真是太可怜了。但是她依旧如一般孩子一样长大，考上了大学。妈妈微薄的工资不够付她的学费，而父亲重组家庭后也不愿负担这笔学费。她便一边打工，一边上学。小苏学的是护理系，实习的时候被安排到了北京的大医院里。大医院待遇好工资高，但竞争压力也大，每年有很多实习生被招入，但是留下来的寥寥无几。

小苏所在病房是高护病房，高护病房的病人需要比普通病人更加精心地照顾。最累的时候，小苏连续工作20多个小时，没有人愿意干的活，她抢着干；别人都嫌脏的地方，她总是站在第一位。就这样，实习期结束后，小苏成了那家大医院唯一一个通过实习期就留下来的护士。

很多实习生不是因为自身条件不好，而是面对高强度的工作时，自己就先产生了退缩之意。而小苏因为从小吃过苦，所以面对工作中"苦"，她知道该怎样去对待和承受。现在小苏已经不再是一个小护士了，因为聪明能干，再加上吃苦耐劳，她成了全院最年轻的护士长。

小苏的吃苦经历多少暗藏着一些无奈，但这也成了她人生中一笔宝贵的财富。对于不必承受这种无奈的女孩，如果其本身性格有一些不足，我们可以做一些针对性的吃苦教育，或专门为她安排一些相应的情境体验。比如，到偏远的农村体验一下生活，或是与贫困家庭的女孩做伙伴，或是参加暑期军训等。

养成计划 06
不开恶意的玩笑

"妈妈不要你了。"

"妈妈不爱你了。"

"再不听话，就把你扔了。"

"你是妈妈捡来的。"

……

这样的话语，

几乎每个小孩儿都听过。

这样的话语，

几乎每个大人都说过。

对于大人而言，

这只是一句句玩笑话而已；

但是对于孩子，

这一句句话就像是千斤的重锤，

狠狠地砸在他们的心上。

恶意的玩笑，伤人不浅

所谓的安全感，就是孩子在社会或是生活中有稳定的、不害怕的感觉。内心的安全感，也是孩子内心强大的支撑。安全感来自孩子的成长经历，在成长过程中经历的快乐和幸福多，安全感就富足；如果经历的苦难和痛苦多，那么安全感就会匮乏。

凡凡三岁半开始上幼儿园，记得送她报名的那天，幼儿园的老师特地嘱咐了我这样两句话："在家千万不要对孩子说'你不乖我就不要你了'这样的话；也别说'再不听话，就把你扔出去'这样的话。"

我想，老师会特地这样嘱咐，说明太多的家长会这样对孩子说了。有时候，我们会不自觉地跟孩子开一些玩笑，在大人看来是好笑，但是殊不知，对孩子却是一种伤害，因为孩子会信以为真。

这让我想起了自己小时候，因为我是个女孩，很多人都爱和我开玩笑说："你就淘气吧，再淘气你妈妈就生个小弟弟，然后不要你了。"

所以当我母亲试探着问我想不想要一个小弟弟时，当时只有四五岁的我，竟放出一句"狠话"："你要敢生，我就掐死他。"现在我母亲经常当作笑谈来说。可以想象到，对于当时年幼的我而言，那该是怎样的刺激，才让我产生了那样恶毒的想法。

这种"妈妈不要你了"的伤害，几乎每一个孩子都曾感受过。大人说这句话的动机，或许仅仅是开个玩笑，看着孩子着急的模样，来满足自己取乐的心理。但他们却从未想过这样的"玩笑"，孩子听来一点也不会觉得可笑，只会感到无尽的恐慌与悲伤。

有一次我和很多朋友聚餐，一个朋友带着五岁的女儿前往，因为小姑娘长得十分可爱，大家都逗她玩儿，很快孩子就和这群叔叔、阿姨们熟悉了。中途，孩子的妈妈去了趟卫生间，孩子等了一会儿不见妈妈回来，就怯生生地问："妈妈去哪了？"另一个叔叔抢着说："你妈妈走了，不要你了，把你卖给我了。"说完，就作势要去抱小女孩，小女孩直接吓得愣住了，等叔叔把她抱在怀里时，她才不停地扭动着身体，喊"妈妈"，喊了几声妈妈也没出现，便哇哇大哭起来。而大家有的笑孩子天真，有的连忙劝慰孩子。等妈妈回来时，孩子仍在哭泣。问明了原因后，妈妈虽然有些不快，但是却忍住没有说什么，只是安慰自己的孩子："别哭了啊，叔叔跟你开玩笑呢！妈妈这不回来了嘛！"孩子的情绪一时无法平复，还在抽抽搭搭地哭泣，不一会儿，妈妈不耐烦了，说了句："再哭妈妈可真不要你了啊。"

叔叔的做法已经令小女孩受伤，妈妈的这句话无疑是雪上加霜。之后，小女孩的表现远不如她刚进来时活泼可爱，一直木讷地坐在妈妈旁边的椅子上。妈妈拿包的动作，都能令她立刻紧张起来。

看到自己的孩子被逗哭，作为妈妈，我们心里肯定不舒服，甚至会感到气愤，但是碍于情面，又不好发作，生怕自己的计较会得罪亲戚或是朋友。但是相比较于孩子稚嫩的心灵而言，得罪亲戚或是朋友只是一时，若孩子受到伤害，却会影响她一生。

凡凡四岁的时候，家里来了很多亲戚，其中一个长辈看凡凡很可爱，就逗着她玩儿。等两个人玩熟了，亲戚说："一会儿跟我走吧！我家特别好。"凡凡自然不愿意，亲戚再次说："我家有好多好吃的，好多玩具。"凡凡一听，有些动心，于是拉着我手说："妈妈也去。"但是亲戚却故意说："你妈妈刚刚说了，不要你了。"

凡凡立刻抬起头来，向我寻求答案。我赶忙说："妈妈没说不要你，伯伯故意这样说，是逗着你玩儿的。"然后又转过身，用半开玩笑、半认真的语气对亲戚说："别这么逗我们孩子啊，我们孩子要当真呢！回头该哭了。"

听我这样一说，亲戚也很识趣地说："对不起，对不起，伯伯的错。小凡凡别当真啊！"后来那位亲戚再也没有和凡凡开过这样的玩笑。隐忍一次，换来的可能是一次又一次，一忍再忍之下，可能就无法心平气和地说出真实的想法了。

另外，除了不和孩子开这样恶意的玩笑，从凡凡出生起到现在，每天晚上道过"晚安"之后，我都会对她说一句"妈妈爱你"。有时候因为她淘气，我责骂她之后，也会及时地抱住她，告诉她"再淘气，也是妈妈最爱的宝贝。"

只有我们不断地强化孩子在自己内心的地位，她在遇到别人对她说"你妈妈不要你了"时，才不会惶恐不安，也不会当下就信以为真，因为妈妈的爱，给了她十足的安全感。

养成计划 07

富养，丰富的是孩子的精神

富养孩子，

与有钱没钱并没有多大关系，

有钱不一定就能将自己的孩子培养成优秀的人，

没钱也不代表自己的孩子注定失败。

富养的最终目的，

就是让孩子变得"富有"，

就是用爱来充实他的内心，

让他对未来的美好充满期待，

让他拥有精神上的富足。

想 "富养" 孩子，就要鼓励孩子追求美好事物

　　"富养"已经不是新鲜的概念了，我们开篇就提到了"富养"这一概念。有时候，我们为了培养孩子勤俭节约的美德，经常会用"哭穷"

的方式，比如，"妈妈赚钱很辛苦，你不能乱花钱""这个太贵了，我们买不起""咱们是穷人家，买不起这么好的东西"……不可否认的是，这种"哭穷"的方式，会让孩子学会节俭，但是这种方式带来的负面影响，远远要比正面影响多得多。物质上的缺乏，直接导致内心的匮乏感，并且这种匮乏感会伴随孩子的一生。

教育专家认为，我们怎样跟孩子谈钱，钱在孩子心中的观念就是怎样的。

我曾经在小区看到这样一幕：

一个四五岁的小女孩，由妈妈领着在小区里的儿童区玩耍，到了做饭的点，妈妈开始催促孩子离开。孩子有些恋恋不舍，坐在秋千上对妈妈说："妈妈，我们也买这里的房子吧。这里有秋千。"可能是催促得不耐烦了，妈妈上前一把将孩子从秋千上抱下来，然后说道："你就知道买，你知道这里的房子多贵吗？就你爸爸挣得那两个钱，下辈子也别想买得起这里的房子。"

小女孩一边听着妈妈的数落，一边低着头慢慢地走在前面，刚才眼神中充满的希望之火，此刻全部都被浇灭了，整个人身上的光芒都消失了。

其实，这个妈妈可以换一种方式去向孩子说明自己家的真实情况，完全没有必要在孩子面前强调"我们是多么穷，是多么卑微"，这样只会让孩子感到深深的自卑，从而不再敢去向往更加美好的生活。因为妈妈告诉了她，她是个穷人家的孩子，不配享受美好。

经济水平是我们一时无法改变的现状，但是思维是可以改变的。同样意思的话语，我们换一个说法，可能改变的就是孩子的未来。

一次，几个朋友相约一起去郊外踏青，途径一片别墅区，那片别墅区临湖而建，周边种满了花花草草，西洋式的别墅隐藏在花草山水之间，仿佛世外桃源一般，车上的孩子们忍不住发出阵阵惊呼。其中，朋友小丽的女儿对她说："妈妈，我也想住在这里，每天都能玩水。"

丽笑着，拉着女儿的手说："这里是不错呢！妈妈也很向往住在这里的生活。只是，想要住在这里可不是一件容易的事情，需要我和爸爸更加努力工作，而你也要更加努力学习，这样或许有一天我们就能住在这里了。"

其实丽与老公也不过是普普通通的公司职员而已，如果他们就在目前的工作岗位一直工作，无论怎么努力，也是无法住上别墅的。但是小女孩听到妈妈的话，在车上高兴地直拍手，因为妈妈的话让她对未来的美好生活产生了向往。

事实上，孩子内心是富足还是贫瘠，与家庭的经济能力并无多大关系，其实在于我们在面对金钱时，如何去引导孩子。就算生活不算富裕，只要我们内心有对美好生活的向往，并且不向孩子哭"穷"，孩子的内心同样能够丰盈充实。

与其给孩子灌输"家里穷，买不起"的思想，不如跟孩子分享一下自己通过工作换取了金钱时的喜悦；与其唠叨孩子要勤俭持家，不如告诉孩子，只要她努力，就能够拥有美好的物质生活；与其诉说自己挣钱养家的辛苦，不如告诉孩子自己为家庭做贡献时的满足感。收回我们看待生活和金钱时的沉重感与匮乏感，将希望传递给孩子，只有这样，孩子的内心才能丰富、强大起来。

"你真是个胆小鬼，我怎么生出你这么一个不争气的孩子呀！"

一些家长经常因为孩子胆小而这样责备他，原意是激励孩子勇敢起来，但事实上这样的话语不仅不会让孩子克服胆小的问题，反而还会让他变得更加胆小，甚至自卑。

所有的小孩子都有对外界一些事物的恐惧感。所以，要培养孩子的勇气，父母应循序渐进，逐步引导，比如先给孩子设立一些具体的小目标，鼓励他慢慢尝试。当孩子成功后，要立即给予表扬和鼓励，渐渐地，孩子就会在不知不觉中消除心中的障碍，克服内心的恐惧。

"这么小的事都做不好，你真没用！"

由于孩子年纪小，有些事自然做得不够好。这时，如果我们对孩子一味地批评和否定，因一个错误或失误否定孩子所有的优点，只会让孩子觉得自己一无是处，甚至会因此陷入深深的自卑，认为自己无论怎么努力都没用，都不能达到家长的要求。当孩子产生这样的自卑心理后，再想增强她的自信，可就难上加难了！

所以，即使孩子做错事，我们在批评他时，也一定要善于发现他的点滴优点，并恰当地将这些优点与缺点结合起来说，他们才更容易接受。比如告诉他："这件事你虽然没做好，但你的耐心却大大增加了。如果下次能再提高一点速度，就会更完美了。"这样，就既肯定了他的优点，又指出了他的不足，下次他自然知道怎样做了。

第**2**章

帮助孩子成长为
独立的自己

自　信　力

养成计划 `08`
自由空间，培养独立孩子

老话讲"不以规矩，不能成方圆"，

意为没有规矩就不会有规整的方与圆。

但是在孩子的教育中，

如果规矩太多，

不但难成方圆，

反而会起到相反的作用。

在孩子的童年时期，

"守规矩"不是主要任务，

快乐自由地成长，

才是他们最需要做的事情。

规则与自由都要适度

身边有很多父母都沉浸在给孩子定规矩的思维中不能自拔，认为孩子要自觉，就得要规矩来约束，比如说：早上几点起，晚上几点睡；动画片只能看多长时间；见到长辈必须鞠躬问好；吃完饭后碗筷要怎么收拾……父母企图用这样的方式，培养孩子自律，但事实上真的就能如愿吗？

哲学家弗洛姆说过："教育的对立面是控制。"尹建莉老师也曾说过："自由的孩子最自觉。"因此，不要让孩子认为每件事情都有所谓的"规范"，尤其是在生活中一些无关紧要的细节上，不要对孩子提出规则和要求，更不要因为孩子达不到这些目标、不遵守这些规则，而对孩子进行批评或是惩罚。

或许有的家长会担心，完全任由孩子自由成长，会令孩子染上一些恶习，比如打架骂人、不讲礼貌等。然而，需要声明的一点是，不用琐碎的规矩束缚孩子，并不等于可以纵容孩子的不良行为。

有一次，我带着凡凡去医院探望一个刚生产完的朋友。我们去的时候，病房里还簇拥着很多人，都是看望同病房的另一个产妇的，其中有一个七八岁的小女孩。我之所以能够注意到她，是因为她一刻也不"老实"，一会儿用手摇晃婴儿床，一会儿扒拉着床头柜上的塑料袋，还时不时发出很大的叫喊声。但是小女孩的妈妈一直在同产妇的亲戚说话，根本没有注意到自己的孩子。把病房里的所有东西都看了个遍后，带着摇手的床又引起了小女孩的注意，她握着摇手就使劲儿地摇了起来，一会儿上一会儿下，躺在床上的产妇被这样一上一下移动，牵动了伤口。产妇紧皱着眉头，一脸痛苦，几次看向小姑娘，但是碍于面子，始终没有吭声。

还好查房的护士进来了，一看到小孩儿在摇床，就立刻出言制止道："这是谁的小孩儿呀，别让她摇床了，你看都把产妇疼成什么样了！"等护士出了病房后，小女孩的妈妈对亲戚诉苦道："现在养个孩子真不容易。管得多了，说是抑制孩子的天性；管得少了，她又不听话。我也不知道怎么教育了，干脆就让她自由成长去好了。"

在教育时，永远不要孤立地看待一个问题，规矩也好，自由也好，都是在一定的范围之内。如果给孩子绝对自由化的成长空间，孩子就可能在言行上无法无天，做什么事情都毫无顾忌；如果处处给孩子制定言行上的刻板规则，孩子的成长也必然走上歪路，凡事不敢独立做主。

因此，我们不能在"吃喝拉撒"这样的小事上给孩子定规矩，也不能在孩子出现品行问题时，以"自由"为借口，选择不闻不问。每个家庭，都应该根据自己孩子的特点，结合生活环境和社会环境，量身为孩子打造一个属于她的、相对自由的成长空间，以此培养一个独立但又不乏教养的孩子。

这一边放手，那一边独立

教育的最终目的，

是培养出适应社会的孩子，

也就是独立自主的孩子。

但我们总是不舍得放手，

所有的事情都替孩子承担。

于是，

孩子养成了懒惰、依赖等坏习惯，

缺乏基本的生活自理能力。

如此这般，

独立又从何而来呢？

孩子总要离开我们的怀抱，

去闯出自己的一片天空。

没有独立的能力，

他如何去应付自己的生活呢？

孩子自己的事情，让他自己做

母爱是温暖，能够让孩子从中获取温暖和力量，但应该要有个"度"。过度的关注，反而是对孩子成长权利的剥夺。在照顾孩子时，我们应该仔细想一下：我们所管的这件事，是孩子自己的还是我们的？如果是孩子自己的事情，那么我们能够做的就只是提醒，而不是强求。比如天冷了孩子该不该加衣服这件事，我们担心他会因此而受凉，但说到底这是孩子自己的事情。三岁的时候孩子不懂得如何穿衣，或许需要我们亲力亲为，但是如果已经十多岁了，我们还不相信他自己的判断，那是不是有些低估了孩子的能力呢？

疼爱自己的孩子，目的是让他以后能过得更好。但是，对孩子过度的溺爱和保护，会产生一种压力，就好比一棵小草一直生活在大树下，被树荫笼罩着，这样小草势必会长得羸弱。爱孩子容易，因为那是一种本能，但是要学会放手，却是一件相当难的事情，可这却是我们不得不这样做的事情。

作为家长尤其是母亲，无论我们多么爱孩子，也要有自己的生活，自己的世界，只有我们不将自己的全部视线聚焦在孩子身上，才能真正做到跟孩子保持距离。不管孩子遇到什么事情，放手让他自己去选择，孩子做错了也没有关系，有意义的失败对孩子的成长也有很大的价值。

从孩子出生的那一刻起，家长就应该做好与孩子分离的准备了，在孩子很小时，就要让他学着自己穿衣服、穿袜子、收拾玩具，这对幼儿来说可能都要付出很大的努力，克服一定的困难。有些孩子一遇到这些困难就不干了，这时我们也尽量不要心软，而是给予一定的指导和鼓励，鼓励坚持完成任务，特别是对那些依赖性比较强的孩子。当孩子体会到自己动手的快乐时，便可以逐渐培养起他独立生活的能力。

上小学时，凡凡还有时间收拾自己的房间，但是当她上了初中后，随着课业压力变大，她的房间开始越来越乱，有时候起晚了，连被子都来不及叠就走了。起初，我为孩子着想，认为帮她收拾好房间，可以让她有更多的时间学习。结果我发现，我是帮孩子收拾了房间，却无形中又给她增添了不少麻烦。比如我收拾好的书架，孩子总是很难在上面找到自己需要的书；我放起的文具中，孩子总是不知道放到了哪里……有一次，我扔掉的一张"废纸"，竟然是凡凡为班级图书角设计的草图。我所认为的垃圾，竟然是孩子的宝贝，我所认为的干净整齐，却让孩子觉得极为不方便。我纠结于到底谁对谁错却忽略了重要的问题，孩子的房间怎样摆放，恰恰是孩子自身意志的体现，而我的收拾，则是无意中对孩子意志的忽视和伤害。

回想小时候，我最希望的事情，就是能够有一间属于自己的房间，可以按照自己的意愿去摆放和设计，而不是只拥有书桌的一角。每个人都希望有一个属于自己的空间，如果在自己家中，都没有一个角落可以随意布置，那内心又该搁置在何方呢？

后来，我与凡凡进行了一次诚恳的谈话，在谈话中，我们约定了几条：

第一，以后进她的房间要敲门。之前我在给孩子送水果、送牛奶的时候，从来都是推门就进，没有敲门的习惯。有时候，还会因为关心她在做什么，在她书桌旁逗留，看着她写作业、背书。那个时候，凡凡总是很不耐烦地赶我走，我以为是孩子长大了，被妈妈看着会不好意思。换位思考一下，如果在我工作时，老板时不时地站在我身边看着我，我想我一分钟也坚持不下去。

第二，孩子的房间，交给她自己收拾。虽然收拾房间会占用一些时间，但是比起被我收拾得整洁的房间，凡凡更喜欢自己收拾的房间。我也确实说到做到，尽管有几次我看到她的书桌乱得不成样子，想要动手收拾，但我都忍住了。结果我发现，等乱到一定程度时，不用大人去督促，孩子自己就会动手收拾了。另外，还需要做到的一点就是，既然将权利给了孩子，那么我们就不要因孩子不收拾房间而对孩子大加指责。要时刻告诉自己，那是孩子的空间，我们只能提醒她"该收拾了"，而不是批评她"看你的房间都乱成什么样了"。

第三，自己的房间可以乱，但是要保持公共空间的整洁。在给孩子自由的同时，我希望她也能是一个讲规矩的人，家庭成员共用的地方，就要有意识地保持整洁。

所以，作为家长，这一边放手；作为孩子，那一边就会慢慢学会在成长中独立起来。

弥足珍贵啊，自由选择的权利

父母是孩子最可靠的安全屏障，

年幼的孩子，

正是在父母的这种保护之下，

逐渐建立起自信和自卫能力。

但随着孩子的成长，

我们该变保护为鼓励，

让孩子自己去做事、做决定，

这样他们才能成为具有心理防护能力和独立性的人。

给孩子一些自由选择的权利

网络上有一篇文章，名为《是陪孩子成长，而不是代替孩子成长》，文章大意是说太多的家长"包办"孩子的一切，导致孩子失去了独立自主的权利。孩子小的时候，父母帮孩子穿衣服、收拾房间；孩子长大，父母帮孩子决定该上什么学校、该找什么工作、该选什么样的对象，大小事务统统亲力亲为。

父母的包办，让孩子失去的不仅仅是生活的自理能力，还有面临人生选择时的判断力。家长们自认为这是爱孩子的表现，爱是没有错，但却用错了方式。被家长以"包办"方式对待的孩子，会因娇宠而变得任性、脆弱，长大后则表现为追求享乐、缺乏独立性和克服困难的能力与勇气。

记得有一次陪朋友逛街，朋友想给女儿买一双鞋。到了商场的童鞋专门柜时，朋友的女儿马上就被一双运动鞋吸引了，便告诉朋友她喜欢那双鞋，朋友便让孩子试穿。孩子在镜子前照了照，又走了几步，觉得鞋穿起来很舒服，也很好看，便要求朋友买下来。

可朋友看着孩子脚上的鞋，总觉得样式不够好看，于是便建议女儿再看看其他款式的鞋。就这样，朋友带着孩子又试了好几双鞋。可奇怪的是，每次试完鞋后不论朋友问她是否喜欢，她都默不作声。最后，朋友还是按照自己的意愿，为孩子选择了一双鞋，可孩子却没有表现出买了新鞋的喜悦。

可能朋友觉得孩子还小，不懂得选择，事实上孩子从婴儿时期开始，就已经懂得了选择。凡凡两岁多时去商场，只要看到粉色的衣服，就会很兴奋，有时候还会挑出来放在我身上，示意我穿。

随着孩子的成长，他们的认知也在不断扩充，自己进行选择的意愿也就越强烈，不管是穿什么、吃什么，还是买什么、学什么，他们都渴望能够自己决定。

或许有的妈妈会担心，孩子那么小，让他自己做决定，他能够作出正确的判断吗？这个问题就要视孩子的年龄而定了。能够让孩子自己做决定的事情，一定是在孩子的认知范围内的。如果超出了范围，孩子自然会感到茫然无措，胡乱选择。在合理的范围内让孩子选择，即便选错了也不要紧，影响也仅仅是当下的，并且她们还会从错误的选择中吸取教训。

如果孩子失去了自由选择的权利，不论做什么事情都会被干涉，就会变得胆怯且不自信。如果我们永远把孩子保护在羽翼之下，不放心孩子自己决定任何事情，最后只能使他变得畏手畏脚，并产生自卑心理。

那是在一次同学聚会上，有两位同学带了孩子来，都是八岁的小女孩，分别叫小雨和沫沫。在点饮品的时候，服务员笑眯眯地问："两位小朋友，你们想喝什么口味的果汁？"

小雨马上回答说："姐姐，我想喝橙子味的。"说完，还不忘说谢谢。

服务员听完笑着回应说："好的，稍等啊，一会儿就拿来了。"

而沫沫就没有这么大方了，她轻轻地拉了一下妈妈的衣袖，低着头小声说："妈妈，我想喝可乐。"沫沫的妈妈听后，就如"传话筒"一般，将沫沫的话转达给了服务员。

等菜都上齐后，沫沫依旧像要果汁一样，不断地拉着妈妈的衣角，然后告诉她自己想吃哪个菜。沫沫的妈妈也没有丝毫不耐烦，孩子要吃什么，她就给夹什么。而小雨一直大大方方地夹着自己喜欢吃的菜，吃饱后，和妈妈打招呼就出去玩了。

吃饭虽然是一件小事，但恰恰是这些小事培养出了孩子的性格。一个朋友曾向我抱怨，已经上初中的女儿和她的关系非常差，两个人经常发生冲突。她看到天气不好，叮嘱女儿多穿点，女儿死活不穿；她看到女儿的鞋子坏了，买了一双新的给女儿，女儿却宁可穿着坏鞋子，也不愿意穿她买的鞋子；下雨天，她打着雨伞去接女儿，但女儿看见她，却是一脸的不高兴，非要自己回家……

　　或许在妈妈们的眼中，这个女儿已经是个"不孝女"了，是一个不服管教的叛逆少女。但事实上，问题的根源却出在妈妈身上。朋友总是以她的理解去看待女儿的世界。孩子的运动量大，所以爱出汗，穿得少很正常。但是作为妈妈，她觉得孩子会冷，于是不停地嘱咐孩子添衣。可是对于一个已经上了初中的孩子而言，她难道不懂得自己是冷是热吗？

　　当我们跟孩子说"天冷了，多穿点"时，孩子如果说"我不冷，不用穿"，那么我们就应该知道，孩子自己可以感知温度了，如果不信任孩子，那就等于在怀疑孩子的智商了。在心理上，我们要给孩子最坚定的支持、信任和欣赏，不管遇到什么，首先让孩子自己做选择，并尊重他们的选择，这才是最真挚的爱。

　　这份爱、这份自由选择的权利，对于孩子的成长弥足珍贵，对于理解这份权利重要性的家长来说，也同样弥足珍贵！

给予孩子的理想一颗平常心

说到孩子的理想，特别是女孩的理想，

不少家长持这样的观点：

"小女孩过得舒舒服服，不愁吃喝就行了。"

"女孩的理想就是长大了嫁个好人，一辈子求个安稳。"

"我希望女儿能帮我实现我年轻时没有实现的梦想。"

……

要么认为女孩不需要有太大的理想，

要么就是让女孩实现自己年轻时未曾实现的梦想。

理想，

是孩子们人生的导航，

绝不是父母未完成的心愿。

从小引导孩子树立一个积极的理想，

有助于孩子们在今后的人生中充满热情和动力。

再不起眼，那也是理想

"长大以后当什么"恐怕是每一个孩子都逃避不了的问题，而为了激励我们上进，父母更是找出了很多的"参照物"，比如：环卫工、卖菜的、卖糖葫芦的……所以当我们被父母老师追着问："你有什么梦想呀？长大以后想做什么呀？"为了让父母高兴，让老师欣赏，总是将自己的梦想编得无限远大，然后看着父母老师一脸满足地说："好孩子，有志向。"说实话，在只懂得"过家家"的年龄段，做饭远比当宇航员更有吸引力。

我的闺蜜有一个古灵精怪的女儿叫久久。有一日，闺蜜愁眉苦脸地对我说："你知道久久长大以后想当什么吗？她居然想当土匪！这可愁死我了。"是呀，这个答案没办法让她不愁，因为别的小孩儿一旦被问起理想，不是回答当科学家，就是回答当宇航员，这些职业听起来多么响亮，多么有志向啊。但是这土匪，似乎不是什么光彩的职业。

好在闺蜜并没有直接否定孩子的理想，而是找寻根源所在。因为家中的老人比较喜欢看战争题材的电视剧，在这些电视剧中有土匪的人物形象，除了劫富济贫外，也是响当当的好汉，杀敌作战时更是英勇过人，也正因如此，闺蜜的女儿才有了以后要当土匪的理想。

与成人相比，孩子的理想更加感性，很多时候她们的理想是来自于对一件事情的夸大和憧憬，这种理想通常会随着孩子年龄的增长而变化。

就拿凡凡来说吧，她的理想从最初的医生到后来的司机，又到再后来的糕点师，到现在的老师，总是在不停地变化。不管孩子将来究竟会干什么，有一点是不可否认的，那就是这些梦想都是有价值的，在孩子的心中都是最美的、最神圣的，能激励孩子去想象，去努力。

孩子只有"敢想"，才能"敢做"，而在每一次实践的过程中，他都能有所收获，或许是发现了更好的自己，或许是获得了额外的知识，而这些都将为她们实现最终的梦想做积累。如果我们因为孩子的梦想不起眼，就将孩子的梦想扼杀在摇篮里，那么孩子就会失去一种人生体验，将原本宽阔的大路渐渐走成狭窄的独木桥。

不管孩子的梦想多么的异想天开，都是无价之宝。我们不能因为孩子想当农民，就说她没有出息，也不能因为孩子梦想能够住在月球上，就说她不切实际。试想一下，如果莱特兄弟最初对父母说要制造一只能够带人飞翔的大鸟，却遭到父母的反对，那飞机的发明恐怕又要晚上许多年了。

有一次我带着凡凡在街边等公交车，旁边也站着一对母女，小女孩看起来有三四岁了。一辆环卫车从她们面前驶过，车底的两个圆形大刷子引起了小女孩的兴趣。

"妈妈，那是什么车？"

"那是环卫车，开着这个车在街上走一圈，道路立刻就干净了。"

"我长大了也要开这个车！"

"好啊。只要你努力学习，认真工作，行行都能出状元。"

这个答案简直太妙了，站在一旁的我都忍不住想要为这个妈妈鼓掌。因为有太多的妈妈，喜欢给职业分三六九等，所以在孩子的心中，职业也有了高低之分。

我的一个朋友在火车上当乘务员，可谓是看遍了人生百态。一次，她刚将整个车厢清扫干净，一对母女就将瓜子皮吐在了地上。因为领导马上就要来检查，朋友立刻又拿来笤帚准备清扫。小女孩看到就问："阿姨怎么又来扫地？"女孩的妈妈回答："因为学习不好呗，如果你以后不好好念书，就跟这个姐姐一样，只能天天扫地了。"

朋友一抬头，正好迎上小女孩那鄙夷的眼光，忍不住回了一句："阿姨，我可是正经大学毕业的。"确实，朋友是一本院校毕业，从小学到高中，一直名列前茅。

没有不望子成龙的家长，我们都希望孩子将来能够从事一份了不起的职业，可是每个孩子的资质都是不同的。从为社会做贡献的角度来说，每份职业的价值都是相同的，如果我们过分强调职业的高尚性，那么当孩子无法达到时，他的内心就会产生挫败感，认为自己是个没用的人。

一位亲戚从小就喜欢用远大的理想来鼓励孩子。孩子上幼儿园时，就告诉孩子，只有清华、北大是最好的大学，结果孩子只考上了一个普通的大专；又告诉孩子，毕业后最好的工作就是当公务员，但不幸的是，孩子在毕业后的面试中，屡次碰壁。在家待业两年后，一个熟人给他介绍了一份工作，在环保局开清扫车，但是孩子却怎么都不肯去，因为他觉得开清扫车是一份低贱的工作，他丢不起这个人。渐渐地，他失去了找工作的信心，一直高不成低不就地闲在家。

还有一种情况，就是孩子的梦想被无情地打压。大学时候我有一个朋友，她从小就喜欢照相，长大以后又对绘画、摄影十分感兴趣，但是当她将自己的这个梦想告诉母亲时，母亲却给她泼了一盆冷水："就咱家这个条件能供你念书就不错了，还想学这学那的，你就把课本上的知识学会就不错了。"后来这个朋友考大学时选择了会计专业，尽管她一点也不喜欢这个专业，但她母亲说：哪也缺不了算账的人，永远也不会失业。毕业后，她如母亲所愿成为了一名会计，但是在工作中却没有一丝热情，这也导致她在晋升的道路上"行走"缓慢。唯一能够让她点燃热情的，仍旧是拿着相机到处拍一拍。

作为家长，如果我们想要培养出一个能够摆脱自我怀疑的女孩，就应该对孩子的梦想不贬低也不否定，只需要告诉孩子想要实现梦想需要怎么做。

美国著名的篮球运动员"飞人"乔丹，在对他母亲说自己想要成为著名球星时，他的母亲没有否定他，而是为了他的梦想摆席庆祝，还鼓励他说："想要成为著名的球星，就要向著名的球星学习。"为此，乔丹的母亲还为乔丹买来了很多体育杂志，与他一起探讨学习，并将杂志上的球星图像剪下来，贴到乔丹的房间，以此来激励他。

果然，乔丹如他所说的一样，最终成为了著名的球星。

这就是梦想的力量，它在成长的道路上激励着孩子，引导着孩子。我们帮助孩子向梦想迈进的过程，会让孩子产生强劲的内动力，在困难面前变得坚强、不退缩，并能够在克服困难的过程中找到快乐。

在面对孩子的理想时，家长要保持一颗平常心，以平常的心态来面对孩子，这会让孩子在面对自己理想时，可以更为客观地得到家人的支持。同时，家长若有能力把孩子的理想具体化，能够有针对性地辅助孩子进行规划、指导，孩子在实现自我理想的道路上会更有自信心。

养成计划 12

绝对不要当众批评

孩子犯错误，

再正常不过了，

但如果不知道如何正确地指导孩子，

完全不分时间场合，

不分青红皂白地责骂孩子，

只会令孩子的自尊心受损，

教育需要建立在尊重孩子的基础上，

这样才能真正让孩子有健全的人格、心理、情绪和行为。

当众批评，伤害孩子的尊严

凡凡上幼儿园时，有一次学校组织春游。上车后，坐在我们身后的是一对母女。小女孩看起来古灵精怪的，车开没多久，她就有些坐不住了，不一会儿，就脱了鞋子站到了座位上，用力晃着我们的座椅。女孩妈妈见状，立刻制止了她的行为。但是小女孩没老实一会儿，又钻到了座位下面，突然伸出来的小脚丫，将我吓了一跳。

这时，小女孩的妈妈有些生气了，语气里也多了几分严厉："你给我出来！衣服都弄脏了！"小女孩不情愿地从座位下面爬了出来。这不能做，那也不能干，小女孩很快就将自己的目标锁定到了妈妈的身上，她一会儿拽拽妈妈的头发，一会儿踢踢妈妈的腿。而她妈妈对她的回应永远是："你能不能老实会儿，你闹腾的我都晕车了！"

但是妈妈越是"管教"，孩子就越是顽皮。于是我的耳边不断传来女孩妈妈压抑的指责声，"你怎么这么不听话""你快把我烦死了""你再不老实点，我就把你从窗户上扔出去""我让你吵得头疼"。

实际上，这时小女孩除了活泼好动了一点以外，并没有做出什么过分的举动，也没有大声喧哗去吵闹别人。就在孩子妈妈喋喋不休地责骂孩子时，邻座的一位妈妈看不下去了，小声地提醒道："孩子挺乖的，别总骂孩子了。"

女孩妈妈尴尬地笑笑，没有说话，但是她也没有停止，只是声音变小了而已。回来的路上依旧如此，孩子吃草莓掉身上要被骂两句；睡觉的时候总是扭来扭去要被骂两句；被窗外的风景吸引了站起来看看也要被骂两句。终于，孩子睡着了，妈妈的声音也消失了，她终于可以安安静静地看一会儿手机了。

我在心里不禁感叹道："可怜的孩子。"

俗话说，"人前教子，人后教夫"，意思是说教训孩子的时候当着众人的面，但是数落丈夫时，却不能当着众人的面，并将这句话当作做母亲和做妻子之道。

我想最早提出这句俗语的人，在儿童教育上一定存在问题，这个问题就是认为孩子年龄小、心智不成熟，当众批评孩子，能让孩子因此印象深刻、不再犯错，而且还不会留下心理阴影。也因此，这句话令很多中国的妈妈都陷入了一个教育误区，那就是在批评孩子时总是爱提高音量，而且不分场合。不管是在路边当着众多路人，还是在家里当着众多客人，只要发现孩子做错了，常常会马上做出激烈的反应，大加指责。但实际上，这是错误的做法。

正是因为孩子心智尚未成熟，一丝一毫的心理伤害，都会对他们的终身产生不可逆转的影响。当众责骂孩子、揭孩子短，甚至是让孩子难堪，不但达不到教育孩子的目的，反而会伤害到孩子的自尊心，并引起孩子的逆反心理和敌对心理，甚至使孩子变本加厉地犯错。

请保护好孩子的尊严

英国教育家洛克说："父母愈不宣扬子女的过错，子女对自己的名誉就愈看重；若是你当众使其无地自容，他们觉得自己的名誉已经受了损害，则设法维持好评的心思就更加淡薄。"

或许有的家长会问，那孩子在公众场合犯错就不能纠正了吗？那不等于是"助纣为虐"吗？不当众批评孩子，并不等于要对孩子的行为听之任之，而是在选择教育的方式上，避免选择批评的方式，而是跟孩子摆事实、讲道理，让孩子明白自己错在了哪里，应该如何改进。必要时，可以将孩子带到无人的环境，再进行教育。

有一次参加朋友的婚宴，跟我同坐一桌的有个六七岁的小女孩。当时，宴席还没开始，新郎新娘还站在台上，司仪正声情并茂地主持着，礼仪小姐们忙着给各个桌子上菜，不一会儿，桌子上就摆上了诱人的油焖大虾、五彩的水果拼盘……望着眼前的美食，小女孩眼睛发亮、直咽口水。

当时大家都目不转睛地盯着台上看，孩子便情不自禁地转动了桌子上的转盘，将水果拼盘转到了自己的面前，她想先吃几片水果解解馋。这一举动刚好被身边的妈妈发现了，只见这位妈妈用手肘轻轻碰了碰孩子，孩子立刻转过头，不明就里地看着妈妈。孩子的妈妈微微地摇了摇头，孩子瞬间明白了妈妈的意思，吐了吐小舌头，将抬起的手放下了。

但是不一会儿，小女孩又忍不住了，总是拿着手中的筷子去拨弄盘子里的菜肴。孩子的妈妈再次看见后，用手轻轻地拍了拍小女孩的手背，示意她先放下筷子，然后嘴唇贴近小女孩的耳朵，耳语了几句，只见小女孩撅着小嘴，不情愿地点了点头。

终于，主持人宣布宴席开始了。小女孩立刻问妈妈："妈妈，这下我可以吃了吗？"孩子的妈妈微笑着点了点头，并把筷子递到了孩子的手中。

孩子在公众场合做错了事，有时候是会让我们感到难堪，但是作为家长，我们不能只顾着自己出气，却丝毫不顾及孩子的颜面。

孩子的心灵就犹如刚刚长出的花骨朵，娇嫩脆弱，十分容易受到伤害。我们的职责就是守护着这朵"花骨朵"，让其能够茁壮成长。当众批评孩子，绝对是不可取的教育方式。无论何时，尤其是当着众人的面，我们应该考虑到孩子的感受，即便他们犯了错误，也应该留有余地，让孩子感受到家长的尊重的和理解。

养成计划 13
守住隐私即守住孩子内心最宝贵的财富

让孩子有一个独立的空间，

才能让他拥有一颗自由的心灵，

有自由的心灵就不会被狭隘的思想观念束缚，

进而发展出强大的心灵。

同时，

给孩子一个自由成长的空间，

也是尊重孩子的体现，

一个被尊重的人，

才能实现人格上的强大。

给孩子的隐私留一条"生路"

有一次，无意间和几个朋友聊到了写日记的事，大家纷纷分享了自己藏日记的趣事：有的把日记藏在天花板上面；还有的把日记上锁，再把上锁的日记放到上锁的抽屉里；还有的包上书皮，和其他书籍混在一起……然后在大笑中，为自己曾经的机智感到赞叹。

这时一直坐在一边的悠悠开口了，她说："我就没有你们这么幸运，因为我藏了半天还是被我妈发现了。"大家不解地惊呼："啊？"

悠悠继续说了起来，"那时我刚上初中，情窦初开，心里藏了好多小秘密，但是已经不愿意跟妈妈说了。于是就开始写日记，每次写完后，我都把日记压在所有书的最下面，以为我妈看不到呢！结果有一天我放学回家，还没进家门，就听见我妈在屋子里和我爸说话，话音隐隐约约地传来，我听着有种特别熟悉的感觉，听着听着才发现，我妈对我爸说的，正是我日记里写的一首诗。当时我非常喜欢我们的地理老师，于是就写了首诗表达了自己的感受。我永远忘不了我妈说的最后一句话'小小年纪不学好，就知道写情诗！'这句话，就像是晴天霹雳一样，将我的自尊打得粉碎。我推门进去后，我妈不再说话了，但是我能从他们的眼神中看出异样，包含着愤怒、指责、蔑视，唯独没有愧疚。"

悠悠顿了顿，接着往下说："后来有一次我语文成绩不太理想，我妈当着全家人的面，指着我鼻子骂，'把你写情诗那点本事拿出来，你也不至于考这么几分！'那一刻我特别想找个地缝儿钻进去。当天晚上，我把我所有的日记都撕碎了，然后躲在被窝里哭了整整一夜。"

悠悠的过往，让我想起了自己身上一段相似的经历。上初中以后，女孩子们普遍都很喜欢记日记，将自己内心想说又不敢说的话、不知道该与谁说的话，都写在日记本中，然后用一把小锁锁起来，我也不例外。我上高中的时候有一次考试失利，物理只考了18分。我不敢和父母说，于是便将自己郁闷的心情写进了日记里。没想到没隔多久，在饭桌上，我妈装作不经意地问起了："听说你物理测验才考了18分。"

那一刻，我仿佛听到了自尊崩塌的声音。吃完饭后，我默默放下了碗筷，将自己锁到了房间中，心里感到很委屈，虽然我知道母亲偷看我的日记，仅仅是关心我的一种表现，但是我却有一种不被尊重的感觉。

尼尔·波兹曼在《童年的消逝》中说过："没有秘密就没有儿童时代。秘密伴随着孩子的整个成长过程，代表着孩子自我意识的苏醒。"当孩子有了秘密时，也就有了承载她秘密的载体，比如日记。日记可以说是孩子心灵的门，但这并不意味着我们可以随时打开这扇门，去看看里面究竟藏了什么！

没有控制欲，就没有窥探心

偷看孩子日记，或者是明目张胆地看孩子日记，我相信每个家长的出发点都是相同的，那就是爱。爱让我们时时刻刻担忧孩子的一切。孩子小的时候，什么都愿意跟家长说，可是当孩子长大以后，她就有了自己的小秘密，并且不再愿意跟家长说。这个时候，我们就会恐慌，会不断地猜想，那些我们看不见的"地方"，孩子究竟是怎样的。

这是关爱，更是控制。在我们极度想要知道孩子的一切，实际上这隐藏着我们对孩子极大的不信任，以及不尊重。作为家长，可能意识不到一本小小的日记，对孩子而言意味着什么，它代表着孩子的自尊、自立，以及孩子今后对待别人隐私的方式。

黄磊曾经在一期节目中说过："秘密是孩子内心最宝贵的财富。孩子有孩子的人生，想要孩子拥有健康的人生，就必须让孩子明白什么是对的，什么是不对的。如果自己都做不好，又怎么去教孩子呢？你不看孩子的日记，不翻看孩子的手机，是对孩子最起码的尊重。"

我们不能打着"爱"的名义，去做一件错事，然后还要理直气壮地对孩子说："我这是因为爱你。"要知道在孩子的内心里接收到的不是爱，而是"妈妈不尊重我""妈妈不理解我"，以及"偷看别人隐私是对的，没有什么大不了"。

记得在凡凡三岁多的时候，她拿着一个小盒子对我说："妈妈，这里面装了我的秘密，你不能看。"我点点头说："好。"心里却在想：你一个小孩儿，能有什么秘密呢？无非就是几块小石子，或者是捡来的小棍子而已。所以那个小盒子根本引不起我的任何兴趣。没多一会儿，凡凡又跑了过来，神秘兮兮地打开那个小盒子，让我看她的"秘密"，果然不出我所料，不知道是她从哪捡来的两颗小石子，但她却视如珍宝，一脸骄傲地说："好看吧？"我只能配合着她，假装惊讶地说："很好看！"

但是随着她的成长，我发现我再也无法"演"下去了，因为我不再能够猜测到，她的秘密到底是什么。有一次，我在她的房间看到了一个上面有个小锁的硬皮本，而锁是开着的。那本子似乎有着无限的吸引力，似乎里面记录了一切关于孩子身上我所不知道的东西。我盯着那个本子看了很长时间，最终强忍住了内心的好奇，没有翻看。

因为日记本上的那把锁，代表着孩子的心理界限，即便是最亲密的妈妈，也不能越界。可能正因如此，凡凡的日记本渐渐从上锁变成了无锁，因为她相信我不会去动。孩子的这份信任，反而更让我懂得该如何去做。

最正确的做法，就是在看到孩子秘密的那一刻，选择原地放好，不去窥探，也不去揭穿。只有我们尊重孩子，孩子也才能够信任我们，而信任是孩子向我们敞开心扉的唯一途径。

！ 谨记那些破坏自信力的禁语！

"跟妈妈没有隐私可言，你这么小能有什么隐私，妈妈看看你的日记是关心你，为你好。"

孩子到底有没有秘密？有什么秘密？回想一下我们的年少时光，答案就不言而喻了。其实，孩子的日记中也没什么天大的秘密，有的仅仅是一些小小的心事，但孩子却把其看得很重，不希望被人发现，哪怕是自己的妈妈也不行。

尤其是对于青春期的孩子来说，隐私更是他们内心不可侵犯的"神圣领地"。一旦有人侵犯了他的隐私，出于保护的目的，他就会自我封闭起来。所以，作为孩子的父母，我们应承认并允许孩子有自己的隐私，并尊重他的那些小小隐私，理解孩子"受人尊重"的心理需求，保护他的自尊心。当我们给孩子一定的私人空间后，他反而不会对我们设防，偶尔也会对我们谈谈他的心事。此时我们再抓住时机，对孩子的一些疑惑进行引导，帮她纠正一些不正确的观念，这要比直接窥探孩子的隐私更加有效。

"你能不能有点出息？别动不动就哭鼻子！"

事实上，孩子的哭泣有它正面的意义，比如可以帮他宣泄内心的情绪、减轻压力等。但一些孩子天生负面情绪较多，遇到点困难和不顺心就哭鼻子，家长就要想点办法了。

最好的办法不是指责孩子，不准他哭，这是不道德且不友善的，只会让孩子内心的负面情绪更强。为了让敏感的孩子少哭、少流泪，应鼓励他明确表达出自己的痛处，说清自己为什么要哭。这时家长再给他一些安慰和鼓励，可以帮他改正爱哭的习惯。

第**3**章

自　信　力

挫折下的
自信力达成

养成计划 14
收起"玻璃心",送孩子踏上通往坚强的路

为什么社会进步了,

人们的心理反而更脆弱?

因为家庭条件优越了,

父母细心呵护着孩子,

生怕他们受到来自外界的一点风雨。

也正是父母的这种教育理念,

让孩子的心理越来越脆弱。

挫折当前,别挡在孩子面前

凡凡在小区里有几个玩得不错的小姐姐,她几乎每天都会把这几个小姐姐的名字挂在嘴边。后来小姐姐们上幼儿园了,凡凡有好一阵子没有见到她们。有一天,凡凡从窗户向外张望,看到其中一个小姐姐在楼下玩儿,于是她放下手中吃了一半的水果,就急忙跑了出去,当她兴冲冲地出现在小姐姐面前时,小姐姐却像没看到她一样,继续与几个大孩

子玩着。凡凡凑上前去，大喊了一声："姐姐！"小女孩听到后，扭过头来，小眼睛一翻，说："凡凡，我以后不跟你玩儿了。"

听到这个"晴天霹雳"的消息后，凡凡愣在了原地，她似乎还不能相信，曾经的好朋友不再跟她玩了。那一刻，在一旁的我，似乎听到了自己心碎一地的声音。孩子虽然还小，但是从她会说话的那一刻起，她就已经对这个世界的交流有了自己的感受。此刻她真切地感受到了小女孩的不友好，但是她却无力争辩，所有的委屈都会堆积在孩子的心中。想到这里，我的眼泪几乎就要夺眶而出。就在我想着该怎么安慰孩子时，凡凡默默拉住我的手说："妈妈，我们回家吧。"声音中透露出的失落与难过，让我的心再次揪到了一起。

回家的路上，一路无语，我很怕孩子会哭泣，因为我还没有想好该如何安慰她，该如何向她解释别人为什么不跟她玩儿。还好回家后，玩具吸引了凡凡的注意力。但是我的心情却久久不能平静，起初是气愤，不玩就不玩，为什么还要故意说出来让别人难受？气愤过后是委屈，孩子才这么小，她的一腔热情，凭什么要被泼一头冷水？她那小小的心灵，能经受起这样的创伤吗？紧接着便是担忧，我的孩子会不会因此而改变，也成为一个随意恶言中伤别人的人？

然后，我怀着种种复杂的心情，把事情的前前后后对爱人讲了一遍，原本以为他会与我一样气愤，结果他却说："小孩子嘛，你计较那么多干什么？我们只需要管好自己的孩子就行了。"这一番话令我茅塞顿开，头脑中也瞬间有了答案。于是在晚上睡觉前，我主动谈起了白天的事情。凡凡告诉了我她心中的难过，并且问我为什么别人会不跟她玩儿。我的回答是："她不跟你玩儿，不是你的错，是她做得不对。"

听到这样的答案，凡凡如释重负。第二天出去玩儿，又遇到了那个小女孩，这个小女孩似乎尝到了伤害别人带来的"快乐"，老远看见凡凡就跑了过来，凡凡还以为小姐姐又愿意跟她玩了，于是开心地叫了一声："姐姐！"，结果换来的却是又一句："我不跟你玩儿。"

凡凡的神色立刻暗淡了下来，但是她很快又扬起了小脑袋，用无所谓的语气说："没关系，凡凡自己玩儿。"看到女儿小小的身体里，忽然爆发出的巨大能量，我内心既难过又感动。

果真，不管那个小女孩跟别人玩得如何热火朝天，凡凡都没有再跑过去过，只不过偶尔她会投出一两个向往的眼神。而我，为了减轻孩子内心的失落感，打起了百分百的精神，和孩子疯闹着。

过后，我仍旧想要对女儿进行安慰时，没想到小家伙却主动开口了，"妈妈，姐姐那样做不对，我不跟她学。"孩子的接受能力如此之快，让我有些惊喜，同时也庆幸当时我管住了自己，没有像老母鸡般挡在孩子的面前，帮她去抵挡伤害，剥夺孩子学会坚强的权利。

每个父母都会细心呵护自己的孩子，生怕他们受到来自外界的一点伤害，总是希望他们小时候有父母疼着，长大后有家人爱着，所以坚不坚强无所谓。如果孩子在外面受到了不公平的对待，则时刻准备着为女儿"摆平"困难，毕竟现在的我们能为孩子"摆平"很多事，但在她长大之后呢？我们还能事事都替她解决吗？

不妨来点挫折教育

每个人来到这个世界上，都会经历幸福和快乐，也必然要面对磨难与痛苦。小时候是摔跟头、跟小朋友吵架，长大了可能是工作和事业中的一些不顺利。这条生存定律是不分男孩女孩的，命运不会因为性别，而对孩子格外眷顾。

如果小时候家长就有意识地让孩子承受一些心理承受范围内的磨难，这并不是狠心的表现，也并不是不疼爱自己的孩子，而是在鼓励他坚强独立。要知道，任何挫折都是一种成长的历练。妈妈就算再疼爱自己的孩子，也不可能永远替她受过，孩子遭受挫折，也不是妈妈"不好"。父母更不可能永远事事都能给孩子"摆平"。

所以，在孩子还小的时候，不妨给他们来一点挫折教育，将她们推出去，遭受一些挫折，以此达到锻炼孩子承受能力的目的，而这需要我们狠下心，能够忍受孩子在我们面前受委屈。

一天，吃完晚饭后，我坐在小区花园的长椅上，看着不远处正在骑滑板车的凡凡。这时，一个三岁左右的小女孩出现在我的视线里。小女孩正飞快地追着跑在她前面的两个稍大些的小男生，嘴里还喊着："哥哥，等等我。"可是那两个小男生就像没听见一样，继续向前跑着，不一会儿，那两个小男生跑没影了，小女孩也追得没影了。

又过了一会儿，长椅后面传来了窃窃私语声："蹲低点，别让她看见了。"另一个声音说："过来了，她又过来了。"我循声转过身去，发现躲在长椅后面的，就是刚才跑掉的那两个小男孩，他们在躲谁呢？我心里正疑问着，刚才那个小女孩也跑回来了，手里依旧拎着一根大木棒。见到那个小女孩向这边跑来，两个小男孩"嚯"地一下站起来，扔下一句："又追来了，真烦人！"就再次跑开了。

小女孩发现了目标，继而锲而不舍地边追边喊道："哥哥，你们等等我。"在路过我的身边的时，一直坐在我身边看书的女人忽然叫住了女孩："妞妞，先过来喝口水。"女孩听话地过来猛喝了几口水，然后又继续朝着男孩消失的方向追去。

待小女孩走后，我有些不可置信地问旁边的女士："那是你女儿啊？"

"嗯，对啊。"女士合住书，抬起头来笑着回答我。

"那你刚才为什么不叫住她呢？让她不要再追了。"难道她没有看到自己的女儿在受委屈吗？就在这时，小女孩又跑过来了，依旧拿着那根木棍，站在那里东张西望了半天，才走到自己妈妈身边，问道："妈妈，你看到那两个小哥哥了吗？"

"没看见，他们没有跑过来。"那位女士看着孩子的眼睛，认真地回答。

于是，孩子再次跑开。回过头时，她正好迎上我诧异的目光，于是无奈地笑了笑说："她想跟刚才那两个小男孩玩儿，但是人家嫌她小，不愿意带着她。让她追去吧，现在家里都是一个孩子，所有的大人都宠着她，她说什么是什么，这样又怎么能承受得了挫折呢？让她到外面受点挫折，未尝不是一种教育。"

"那你不心疼吗？"我脱口问出。

"当然心疼啦！"孩子妈妈陡然提升了分贝，"可是心疼管什么用啊，我又不能代替她长大，如果这点挫折都接受不了，以后怎么办？"

我顿时语塞。

事情过去很久了，可是那对母女的形象，一直印在我的脑海中，一边是被两个小男孩耍得团团转的小女孩，一边是气定神闲坐在一边看书的妈妈。看似狠心的背后，何尝不是一种深切的爱呢？

现在的孩子，生活条件好，受到的呵护多，这原本是种幸福，但这幸福的背后却充满了陷阱，因为这样极易使孩子变成一个自我、虚荣的人，对凡事都挑剔，并且心胸狭隘。父母的呵护会让孩子形成这样一种心理：别人一直将他当宝，你凭什么当我是草？这种心理一旦形成，就很难再改变过来，就如在顺境中待久了的人，无法适应逆境的反差一般。

所以，适度收起自己时刻为孩子遮风挡雨的本能，才有可能将孩子送上通往坚强的那条成长之路。

每个孩子都有一颗冒险的心

缺乏冒险意识，

容易墨守成规，

不敢去体验新鲜的事物。

长大了很可能性格消极、依赖性强、意志薄弱、责任感差，

早早输在人生的起跑线上。

别让孩子成为"温室的花朵"，

经不起风吹雨打。

每个孩子，都有颗冒险的心

　　我的一个住在美国的亲戚回国后，面对两国教育上的差异，发出了这样的感慨："中国的孩子就像是易碎的工艺品，总是被父母捧在手心里，而美国的孩子则像是随处可见的破铜烂铁，经常被父母摔摔打打。"起初我以为是美国的父母经常使用棍棒教育，后来有机会到美国走了一趟，我才发现跟我想的完全一样。

举个最简单的例子：孩子都比较喜欢玩儿滑板，在美国也不例外。就像我们在电影中看到的那样，很多美国的小孩儿出行就是踩着一块滑板，在街道上穿梭，他们时常在很高的台阶上跃上跃下，让身为"观众"的我着实捏一把汗，嘴里不禁唠叨："这太危险了！这太危险了！很容易被车撞到。"

亲戚笑我的大惊小怪，她说："美国的小孩儿很小就在街道或是公园里这样玩耍了。"我忍不住问："难道他们的妈妈不管吗？"亲戚奇怪地问："为什么要管？"我一下子无言以对了。因为在我们的国家，我的亲身经历是完全不同的情况。凡凡五岁时候看到小区里的大孩子玩儿滑板，羡慕得不得了，吵着要买。但是当我答应她后，却遭到了全家人的一致反对，因为家人都认为这么小的孩子玩滑板太危险了，万一摔坏了胳膊腿，那要后悔一辈子的。虽然这种游戏对于孩子的胆量是一种挑战与训练，但我还是被这个"后悔一辈子"给吓住了，于是打消了给凡凡买滑板的念头，并总是提醒她，玩滑板很危险，所以还不能买。

后来等凡凡长大一些的时候，再看到滑板，却失去了小时候的兴致。我主动提出给她买一个，她却说："太危险了，我怕摔倒。"

就这样，我的阻拦抹杀了孩子可能会生出的一项爱好。正是因为我的过度保护，使得孩子对自己丧失信心，害怕迎接挑战。

我们出于保护孩子的本能，想要为他们杜绝一切发生危险的可能性，但是却忽略了外伤能很快痊愈，性格软弱却无法在一朝一夕之间改变。勇敢和冒险就像是一对邻居，近得不分彼此。女孩要具备勇敢的精神，就要善于冒险，勇于冒险。回想我们小时候，小河里捉虾、上树摸鸟蛋、爬墙头、走独木桥等冒险经历，在长大了的今天看来，都不失为难忘的回忆。

这些经历，随着年龄的增长也更显弥足珍贵。然而现在的孩子却少了这些乐趣，当她们去探索一些陌生的事物，特别是接触一些看上去有些危险的事物时，我们总是会说"不要动，危险！""不能去，不安全！"于是，孩子变得不敢再尝试探索新鲜事物了。孩子的"冒险"精神，也就这样被逐渐地压抑了。

与其压抑，不如陪伴

记得小时候跟我父亲打羽毛球，我一个用力过猛，羽毛球就飞上了屋顶。看着屋顶上的羽毛球，我自告奋勇地说："我上去够下来。"说着，就准备攀着房边的砖头堆爬上去。砖头堆并不稳，踩不稳很容易掉下来。

父亲不紧不慢地抓住我的胳膊说："你先别着急，想想还有什么更好的办法。"

我一下子就想到了杂物间放着的梯子，梯子可比砖头堆安全多了。于是连忙费了很大的劲儿将梯子搬了出来，父亲帮我在下面扶着，只提醒我一句："慢点啊。"我小心翼翼地登上梯子，踩着倾斜的房檐，心都提到了嗓子眼儿，终于将羽毛球拿到了手。

下来时，我看到父亲也是如释重负的样子。回家后我将此事骄傲地讲给母亲听，结果父亲被母亲狠狠骂了一顿。在我的记忆中，父亲因为这样的事情被骂过很多次。与爸爸的爱相比，妈妈的爱有时候太过于小心翼翼了。

探索与冒险精神是需要从小培养的。孩子们来到这个世界上，只有通过各种活动不断积累经验，才能不断提升自己的能力。

所以，在有安全保障的前提下，事先给孩子讲明活动的危险性和注意事项，让孩子做好充分的心理准备，然后鼓励他去冒一些险。如果孩子通过冒险而成功了，就会使他对自己的能力产生自信；如果失败了，孩子还能从中学到面对失败、应对挫折的方法。

在冒险的过程中，当孩子遇到苦难、危险或是失败，这个时候，我们不要因为孩子的冒险做法而责备她们，说一些类似"你怎么想一出是一出！那怎么能行呢"这样挫伤孩子积极性的话语。相反，越是失败，越是要鼓励孩子。

必要的时候，我们还可以选择和孩子一起冒险。凡凡两三岁，正是对一切都感到好奇的时候。滚烫的开水为什么会冒烟？为什么插头插进插座里，电视就能看了？为什么红色的火焰，会不停地跳跃？……各种疑问层出不穷，她总是想要去尝试一下，研究一下。

对此，我会特地倒一杯滚烫的开水，然后当着凡凡的面做示范，用一根手指的指尖，轻轻地触碰一下杯子，然后示意凡凡也可以这样摸一下，摸一下后，凡凡就感觉到了"烫"，于是她知道了冒着热气的东西是烫的，不能摸。还有一段时间，凡凡对打火机很感兴趣，于是我便当着她的面剪掉她几根头发，然后用打火机点着给她看，她就明白了，火会烧到自己。

诸如此类的事情我做了很多。我们总是怕孩子冒险，所以禁止她尝试，这反而是危险的做法，因为孩子总会在我们看不到的时候行动。与其这样，倒不如在我们眼皮底下让孩子做一些尝试，这反而能让她们印象深刻，不会再背着家长偷偷去尝试。

因此，当孩子对冒险性的活动产生兴趣时，我们要从容对待，同时不失时机地给予肯定和赞赏。不要为了孩子的安全，就不许孩子去探索，不让她们去体验陌生的事物。不要怕孩子会摔跤，爬起来孩子的脚步更稳健。要知道，每个孩子都有一颗愿意去尝试、去冒险的心，也只有经历风霜，苗儿才会更茁壮，不是吗？

保持耐心应对挫折

耐心也是一种抵抗挫折的能力，

在面对挫折时，

能够控制自己的情绪，

有耐心的孩子，

也更容易让自己平心静气地寻找解决问题的方法；

相反，

一遇到挫折就情绪失控，

不知所措，

哪里还能有信心和勇气与挫折对抗呢？

做一个有耐心的妈妈

曾经在网络上看到这样一个视频：在一个人来人往的广场上，街头艺人饰演了一对父母和一个孩子。这期间，孩子几次想要与爸爸妈妈沟通些什么，却都被爸爸妈妈无情地打断了。起初只是不耐烦地挥手让孩子离开，后来是大声呵斥他们，到最后竟做出殴打孩子的动作。

在视频中，每一个驻足观看的人们，眼神中都流露出难过的神色。这个视频，令我如鲠在喉般难受，可仔细一想，这不就是生活中的你、我、他吗？视频中父母脸上那可怕的表情和孩子害怕的样子，不正是我们生活的真实写照吗？

当我们讲了很多遍练习题，但孩子依旧不会写的时候，我们总是会脱口而出："你怎么那么笨？讲了多少遍还是不会！"当我们说了很多遍的话，孩子依旧记不住的时候，总是会忍不住对孩子喊道："我都跟你说了多少遍了，你怎么就是不听呢？"当我们被工作缠身，孩子却不停地拉着我们说东说西的时候，还总是会对孩子说："啊呀，妈妈正忙着呢！你烦不烦呀？"……

我们这样责备孩子，到底是孩子越大越不懂事，还是我们失去了太多的耐心呢？回想孩子小的时候，他们不会翻身，我们会一遍又一遍地教；他们不会走路，我们会弯着腰一步一步地领着他们走；他们不会吃饭，我们不厌其烦，一口一口细心地喂养……但是孩子长大了，我们的耐心却减少了。

记得有一次，我前一天答应了凡凡带她到公园去。所以一大早，凡凡就催促着我："妈妈，去公园吧。"而我看了看前一天被她折腾地乱七八糟的房间，便决定将家里收拾干净再出去。于是对凡凡说："咱们等等再去，妈妈先收拾屋子。"

凡凡一听，很识趣地去一边玩了。等我收拾完屋子，凡凡正一个人玩拼图玩儿正起劲儿呢。我怕临近中午出去会中暑，便催促她："快点走，我们去公园。"

凡凡却头也不抬地回答我说："妈妈等我一会儿，我拼完这张图就走。"

　　看着她还有一多半没拼上的图，我有些着急了。再次催促她说："回来再拼不行吗？再晚点出去，天气就该热了。"

　　可凡凡丝毫不理会我的着急，依旧专心地拼着她的拼图。我忍不住上前拉她的胳膊，她用力一挣脱，不小心碰到了拼图，刚刚拼好的几块随之掉了出来。凡凡"哇"地一声哭了起来，她越哭我越气，一边数落着她，一边捡起掉在地上的拼图。那天的公园之行，自然没能实现。

　　过后，我和凡凡坐在一起聊天，她撅着小嘴批评我说："我都等你了，你都不等我。"孩子的话一下子点醒了我，确实她等我收拾家，而我却没有等她拼完图。如果我对孩子做不到耐心以待，孩子又怎么能学会如何耐心地去做事情呢？在这个世界上，最该得到我们耐心的人，就是我们的孩子。

耐心的孩子需要耐心培养

　　有一个母亲，她发现自己两岁的儿子还不能发声，于是便带孩子到医院检查，却被告知孩子可能是自闭症。这个消息对一个母亲而言，简直是晴天霹雳。但是她却没有因此而放弃，并决定对孩子付出更多的耐心。从那时起，她每天都坚持给孩子讲故事，一个个小故事，反复地讲。每天睡觉前，都要拉着孩子的手，对孩子说这一天妈妈做了什么，想了什么。在她的努力下，孩子终于在五岁那年，叫出了"妈妈"，接着又叫出了"爸爸"，渐渐地，孩子长成了再正常不过的孩子。

　　这就是耐心所创造的奇迹。同样，如果我们能够学习这位母亲的耐心，在自己烦躁的时候，能够用心平气和的心态来对待，那么在我们的言传身教下，孩子也会成为有耐心的人。

凡凡三年级放寒假时，我带着她回了趟老家，谁知赶上了大雪，火车晚点，当时的候车室里挤满了人，连个坐着的地方都没有。不管是大人，还是孩子，在那种情况下内心都十分烦躁不安。

我们旁边站着一对母女，小女孩如凡凡一样大，她不停地问妈妈："妈妈，火车什么时候来呀？"嘈杂的环境、满身的疲惫，再加上孩子不停地发问，我似乎能感觉到烦躁已经在那位妈妈的体内不停地膨胀，接下来就是爆发了。本以为那位妈妈会说："真麻烦，别问了！一会儿就到了。"但是那位妈妈深深地吸了一口气后，却是这样回答的："宝贝，妈妈也不知道火车什么时候能来，但是我们现在除了耐心的等待，已经没有更好的办法了。你看看，不管是骂人的大人，还是哭泣的孩子，他们同样只能等在这里。"

小女孩看了看周围，满脸担忧地继续问道："那这么多人，等火车来我们会不会上不去车呢？"

"不会的。"女孩的妈妈扬了扬手中的票，继续对她说："我们有票啊，只要有票就能上车。"

女孩看看妈妈，终于放下心来。

我不禁心生佩服，若是凡凡这样不停地问我，我不见得可以将情绪控制住。于是我忍不住轻声赞道："你脾气还真好。"那位妈妈笑着说："谁还没有个脾气呀。只是这事不是孩子的错，大人都感到如此难熬，更不要说孩子了，所以不能将怒火发向孩子。"

那天的火车晚点了五个多小时，那对母女就坐在我们身边的地上，靠猜谜语和讲故事度过了这漫长的等待。

那对母女，给了我很多启示，让我明白，当我们自己无法控制愤怒的情绪时，就无法做一个有耐心的家长。后来每当我再因为孩子感到不耐烦时，我就会问自己："这件事情是孩子的错吗？如果不是，那么就不要将怒火发泄到孩子身上。"然后深吸一口气，让自己的情绪稳定下来，再耐心地和孩子交流。

有一次，我突然有事，无法按时去学校接凡凡。凡凡在学校一等就是两个小时，在这两个小时的时间里，她没哭没闹地写完了家庭作业，还跟老师聊了天，直到我风风火火地赶到学校，凡凡也没有流露出一丝不耐烦的情绪。老师还笑着跟我说："她还安慰我呢，让我不要着急，因为着急也没用。"

要培养有自制力、有耐心的女孩，我们首先得沉得住气。只要我们学会控制住情绪，就会对孩子产生积极地影响，促使她们也更有耐心，在成长的路上不急不躁，沉着地应对一切困难与挫折。

养成计划 17
知难而进所取得的成绩更有成就感

完成一件容易的事情，

并不能给我们带来多少成就感；

但完成一件艰难的事，

却会产生很强烈的成就感。

凭借自己的力量克服困难，

完成艰难的任务，

不但能让孩子更了解自己的能力，

同时也能帮他们树立起向困难不断挑战的自信心。

鼓励孩子去挑战

大概在凡凡三年级左右，我们一起报名参加了亲子夏令营。到达营地的第一天，教官就给孩子们出了一个难题：以竞技的方式赢取食物，而竞技的内容包括一千米越野跑、攀岩项目、高空滑索和穿越泥潭。听到这个题目后，我和凡凡都忍不住瞪大了眼睛，凡凡虽然不怕脏也不怕累，但是有一些略微的恐高。但如果放弃，就意味着我们只能"拣"别人挑剩下的食物了，而更加关键的是，这也违背了竞技的精神。

比赛就在凡凡的恐慌中开始了。一千米越野过后，凡凡的名次还可以，但是到了第二项攀岩的时候，她就有些落后了，因为攀到半截的时候，我明显感觉到了她有些腿软，双腿不住地打颤。我忍不住对着上面喊："凡凡，加油！"

可是这鼓励却丝毫起不到作用，凡凡就那样滞留在原地，一动也不敢动，不断有孩子从凡凡身边经过，超越了她，她有些着急了，额头上渗出了细密的汗珠，颤抖着声音说："妈妈，我害怕，太高了。"

下面的家长们听了，都纷纷开始支招。有的说："姑娘，别往下看，就不怕了。"还有的说："加油啊，前面有好吃的等着你呢！"大家越是这样说，凡凡就越是着急，越着急越紧张，越紧张越不敢动。最后，在征求了教官的同意之后，我也系上了安全绳索，然后费力地攀爬到凡凡的位置。

看到我也上来了，凡凡紧绷的小脸有一点放松下来，但随即就是一副要哭出来的样子。我连忙对她说："妈妈来陪你了，妈妈也有一些恐高，我们来一起战胜它好不好。从现在开始，我们哪里也不要看，只盯着自己眼前最近的落脚点，然后一步一步往上走。"

在我的指引下，凡凡终于挪动了身体。那一场凡凡是最后一名。在后来的穿越泥潭中，凡凡超越了几名同学，接下来就是高空滑索了。我以为这一次，凡凡又会像之前一样退缩，但是令我感到意外的是，她竟然很利落地就坐上了滑索的椅子，然后由工作人员帮她系好安全带，整个过程她的眼睛一直紧紧地闭着，直到到达山谷的对面。

回来后，她拎着一袋吃的，虽然算不上丰盛，但却是用她的努力换来的。后来她向我传授心得，在滑索上时，她就一直回忆着我在攀岩时对她说的话，"哪里也不要看"，于是她选择了闭眼，这反而让她战胜了自己的恐惧。

在成长的过程中，孩子会经历诸多困难和挫折。作为父母，一定要对孩子充满信心，这样才能培养起他的自信心。不要总对孩子说"你还小""你还做不了"，而要鼓励他说"加油，妈妈相信你""你这样做真不错""你已经是个大人了"，多给孩子自己发挥的空间，多给孩子鼓励和支持，多让他感受到成功的快乐。这样，她才能在遇到困难时知难而进，不被困难吓倒。

困难就怕再坚持一下

有一年暑假，凡凡忽然提出要学习游泳，因为学校里一个和她玩得不错的小女孩报名了游泳学习班。第一天，两个人开开心心拉着手去学了。可是才学了两天，凡凡便回来对我说不想学了，原因是跟她一起报名的小姑娘不想学了，因为第一次下水就呛了鼻子，呛怕了。没有了小伙伴，凡凡一个人也有点不想去，再加上看到小伙伴呛水的样子，她也有些害怕了。

看着孩子那祈求的神情，我很想说："不去就不去吧，只要你开心就好。"可是，忽然想起蔡康永在书中写的一句话："15岁觉得游泳难，放弃游泳，到18岁遇到一个你喜欢的人约你去游泳，你只好说'我不会耶'。"经历过的人会很后悔自己太晚看到这句话，因为很多曾经的事情，也许只需要再坚持一下，就会得到一个完全不一样的结果。

我上大学的时候，有驾校来学校招生，学费不到两千块。于是我便报名参加了，可是正值夏季，在练车场上排队等候练车的时候，整个人都暴露在阳光下，我晒得头晕眼花，再加上开车时掌握不到要领，第一天就被教练一顿批评。于是我当下决定不学了，费了好大的力气将学费讨要了回来。后来看到同寝室一个姐妹，因为练了一夏天的车，都晒脱了皮，还为自己的决定庆幸了好久。毕竟上学又不需要开车，而且也没有钱买车，为什么要让自己受那个罪呢？

可是这种庆幸并没有维持多久。放寒假回家后，总有不同的聚会，同学的、发小的、姐妹的、家庭的……父亲有时间便送我出门，而父亲不在家时，我就只能打车出门了。那时候出租车的计价器还不普及，到了春节前后，出租车的价格简直翻了一倍，但是出门的次数却不见减少。那个时候我才意识到，如果当初坚持将驾照考下来，那么就可以自己开车而不必打高价出租车了。

类似的事情还有很多。小时候我学习弹钢琴，初学五线谱时觉得无聊至极，于是放弃了。长大后，同样以实习生的身份去接触客户，别人在得知客户喜欢音乐时，能够坐到钢琴前即兴演奏一曲，给客户留下深刻的印象，而我要浪费许多口舌，也不一定能够让客户记住自己。

正是因为年少的时候不懂得"技多不压身"的道理，所以放任自己的个性，放弃了太多学习的机会，所以长大后才会错过很多展示自己的机会。也因此，我才更加懂得坚持的好处，在困难面前，往往再坚持一下，就能够守得云开见月明。

我对凡凡提起了她最爱看的综艺节目《快乐大本营》，她十分喜欢里面的主持人吴昕。于是我给她讲了吴昕身上的一个故事。

吴昕在成为娱乐主持人以后，才发现自己安静的性格似乎并不太适合主持综艺节目，在节目中她就像是一个摆设，永远站在最靠边的位置。这让她开始怀疑自己的选择，无数次想要退出。但每当这个时候，何炅就会劝她说："你再坚持一天。"

就这样，坚持了一天又一天，吴昕坚持了整整十年。在这十年里，她找到了一条适合自己的主持之路，她站在台上时，不再感到拘束和压抑，这也让她获得了越来越多的人肯定。主持或许不是吴昕最喜欢的事情，但是她通过在这条路上的坚持，让自己做到了最好，然后再通过主持所带来的收益，去做自己更喜欢的事情，活成自己喜欢的样子。

凡凡听到这里，陷入了思考之中，我趁机对她说："妈妈鼓励你再坚持一下，并不是希望有一天你能够成为游泳冠军，或者是游得多么的好。而是希望你能够在这件事情中，体会到'坚持'所带来的好处。"

后来，凡凡果然坚持到了学习完毕，这个过程中她哭过，也笑过，但是每当夏天来临时，别的小朋友只能套着泳圈在水里扑腾的时候，她已经能在大家赞许的目光中游上几个来回了。这个时候，她才开始庆幸自己当初在学游泳的路上坚持了下来。

面对挑战和困境，孩子产生退缩的想法，这再正常不过了。我们不必因此就给孩子扣上"没长性"的帽子，也不必当下就要求孩子必须坚持到底，鼓励她再坚持一下，让她不断地从每天的一点点坚持中获得动力，孩子也会因为这种知难而进情况下所取得的点滴成就感而产生"惯性"，从而自发坚持到底。

别人家的孩子是玫瑰，我家孩子是莲花

在所有小孩的心中，

有一个永远打不败的敌人，

这个敌人的名字就是，

别人家的孩子。

我们试图用作比较的方式，

让孩子认识到错误，

让孩子找到学习的榜样。

殊不知，

"比较"的方式只会让孩子丧失信心，

产生自卑感。

没有"对比"，就没有"伤害"

"你看你同学××多好，每次都考第一名。"

"你瞧邻居××多听话，从不让爸爸妈妈操心。"

"别人都行，你为什么不行？"

……

这样的话听起来是不是分外耳熟？我们小时候多多少少也都听过这样的话语。甚至在我已经成年后，我仍旧经常听我妈妈说：

"老刘家的孩子考上了公务员，你怎么就没考考看呢！"

"你姑妈家的孩子月薪五万多，人家怎么那么会挣钱！"

"小区你王姨家的孩子嫁了个有钱人，还给她妈妈买了大别墅！"

……

有一次，这样的对比再一次在我耳边响起，我半开玩笑半认真地回了一句："人家孩子那么好，你去给别人家孩子当妈好了！"听到这句话后，我妈先是一愣，但随即为我的认真感到可笑："我只是随便说说，你看你，怎么还当真了呢！"

是啊，在家长看来，只是随口说说的话，但是到了自己孩子的耳朵里，却变成了变相的批评。小时候每当我妈夸奖起别人家的孩子时，我总是特别难过地低下头。女孩比男孩的情感更加细腻，有些女孩还比较多疑，如果父母总是拿自己与别的孩子相比，不但伤害她的自尊心，打击她的自信心，让女孩产生强烈的挫败感，还可能让孩子认为父母是不爱自己了。即便是这样的话刺激了孩子的奋发精神，到头来可能形成的是一种不健康的嫉妒心。

有那么一段时间，凡凡很招邻居家小孩儿的讨厌，每次看到凡凡，他总是掉头就走，并且还让别的小朋友不要跟凡凡一起玩儿。这让凡凡很纳闷，以为是自己无意中得罪了他。直到有一次，我们在楼道中偶遇孩子和他的妈妈，他妈妈一看到凡凡就眉开眼笑，在凡凡甜甜地叫了一声"阿姨"后，他妈妈更是乐得合不拢嘴，但是一回头表情就变了，刚才还笑嘻嘻的脸立刻拉得老长，对她的孩子说："你看人家凡凡，嘴巴多甜，你再看看你，跟个哑巴似的。跟你说了多少遍了，多跟凡凡一起玩儿，跟人家好好学习学习，你可倒好，一句话也不说！"

而那个孩子，本来就不开心的脸上，立刻露出了愤怒的表情，看向凡凡的眼睛里，似乎要冒出火来。这一下，我找到了问题的根本所在。凡凡就是他眼中的那个天敌——别人家的孩子。这就是他讨厌凡凡的原因，后来再见到那个小孩，我总是故意示好，有意无意地夸奖他几句，可是他都是冷漠地离开，对我们母女二人已经到了"恨屋及乌"的地步了。

曾有一个九岁的小男孩，自弹自唱《我只是个孩子》，令在场所有的大人都为之动容，他在歌曲的最后一句，呐喊出了每个孩子的心声："地球上有一种孩子啊，叫别人家的孩子，可在我心底，老爸、老妈，我不想比！"

与别人比，不如与自己比

"比较"的方式不但不能够激发孩子的学习动力，让孩子积极进取，反而还会让孩子感到痛苦、自卑、委屈，觉得自己真的"不行"，甚至从心底里厌恶、讨厌家长。这最终会摧毁孩子的自信，伤害孩子的自尊，让孩子出现"破罐子破摔"的极端行为。

每个孩子都是独一无二的，也都有自己擅长的方面。就拿凡凡来说，她虽然唱歌不怎么样，但是画画很棒。虽然总是为提高数学成绩而烦恼，但是到了体育课上，她总是最活跃的女生。这些，都是我们的孩子比"别人家孩子"强的地方。所以不要总用自己孩子的"短"去与别人的"长"相比，因为这除了让她感到自卑而丧失信心外，没有一点积极作用。

印度思想大师奥修曾说："玫瑰就是玫瑰，莲花就是莲花，只要去看，不要比较。"我觉得这句话用在孩子的教育上也完全行得通。每一个孩子天生就有差别，能力不同，性格不同，爱好特长也不同，他们分别有自己擅长的领域。我们作为父母不能单一地从一方面去进行比较，而应该想办法找到孩子的长处，哪怕是在微不足道的小事中，也要让孩子发现自己的优点，这才是激励孩子变得更好的重要方法。

或许有些孩子身上并不具备大众所认可的那些优点，但是他们身上也有着自己的闪光点。比如，一个不爱与人打招呼的孩子，但是他却能将自己的屋子收拾得干干净净；一个学习成绩不佳的孩子，却十分懂得谦让与包容……如果我们真的希望孩子能够吸取别的孩子身上的长处，正确的做法不是和别人去比，而是拿孩子的过去和现在作比较，并且称赞"改变"后的孩子，让孩子有信心和勇气去尝试新的东西。

帮助孩子成长为更好的人是每个家长义不容辞的责任，但是在这之前，我们首先要明白，每个孩子都是不同的，任何两个孩子之间是没有可比性的。如果我们希望孩子变得更好，就要静下心来，多观察自己孩子身上的优点，然后用"放大镜"将其变大。

没有一个孩子愿意承认自己比别人差，孩子之间是无法进行比较的。每个孩子都希望得到家长、老师的肯定，肯定式的评价对他们的自信、勇气和抗挫折等能力的培养尤为重要。如果家长总是强调自己的孩子不如别人，就会令孩子经常自我否定，遇到困难时就会恐慌、退缩，拒绝尝试。

所以，身为家长，记得羡慕别人家的"玫瑰"时，也要好好欣赏自己家的"莲花"啊。

养成计划 `19`

竞争的最终目的不是输与赢

从未来的生存、发展需要来看，

从小让孩子具有正确的竞争意识非常必要。

现在的社会到处都充满了竞争，

缺乏竞争意识和竞争能力，

就会被竞争激烈的社会淘汰。

只有具备勇气和胆量去竞争，

并能在竞争中不断完善自己，

才能时刻进步，

成为社会的佼佼者。

努力却不一定要"第一"

不知道从什么时候起，成人之间的竞争延伸到了孩子们之间。从出生起就要喝进口奶源的牛奶，似乎这样智力才能高人一等；从幼儿园起就要上重点，似乎这与今后能不能上清华、北大有着直接的联系。有时候，我为了激励凡凡，也会说出一些"考第一"的话来。却没有想到，我象征性的鼓励，却给孩子心里埋下了一颗"必胜"的种子。

那是凡凡在上幼儿园期间，有一次幼儿园老师给我打来了电话，说是孩子发烧了。赶到幼儿园时，老师早已等在了门口，一见到我就拉着我的手说："现在是冬天，教室里的暖气烧得特别热，孩子们一进门我就让他们脱掉衣服，但是你家孩子却死活不脱。今天中午吃饭时，我就发现孩子有点不对劲，两个脸蛋红得像火球一样，我一摸，烫得吓人，这不就赶快给你打了电话。"说着话，就到了教室门口，我一眼就看见了蜷缩在角落里的女儿，她依旧穿着厚厚的羽绒服，趴在桌子上没精打采的。

我连忙抱着她去了医院，医生看完病后，就接着开始批评我了，"孩子之所以烧这么高，就是因为你们不知道怎么爱孩子，总怕孩子冻着。其实大多数孩子生病发烧，都是捂得太热了，稍微吹点风，就病了。"

此时，我才想起老师所说的话，试着劝说凡凡将棉衣脱下，并问她为什么在幼儿园里不愿意脱衣服。凡凡告诉我，因为她怕穿衣服影响速度，让她没办法第一个出教室举旗子。我忽然想起，每次去幼儿园接孩子，凡凡都是站在队伍的最前面，然后手中举着一个小红旗，那样子别提多神气了，我还为此特地夸奖过她。却没有想到，孩子为了举那面小旗子，每天上课宁可热着，也不肯脱衣服。

孩子的举动让我哭笑不得的同时，也意识到了，有"竞争"的意识是不错，但是过于看重"竞争"，就会让孩子陷入"争第一"的僵局中。为了争第一，"逼"得凡凡想出了不脱衣服的"绝招"，老师的本意是好的，意在鼓励孩子们动作麻利，不拖拖拉拉，但是却无形中形成了竞争的负面影响。

可以说，"竞争"是把双刃剑，用的好，能够产生积极的正面效果，孩子可以受到鼓舞。但是用得不好，就会产生负面效果，毕竟孩子的年龄还小，如果无法正确地看待竞争，就等于是给孩子的成长使绊子。同时，也会让孩子产生竞争焦虑，从而出现无力感、自卑感和心理失衡。

那我们如何引导孩子正确地参与到竞争当中呢？那就是看重过程，而非结果。事实上，竞争的本质也在于此，竞争并不是为了争出个输赢，而是培养孩子的勇气和信心，让他们明白成败不是证明自己优秀还是低劣的唯一手段，也不是衡量自信心的唯一标准。要让孩子明白自己与别人各有优缺点，无法完全比较，并且从竞争中发现自己的长处，这样才能用自信战胜挫折，走出自己的一片天地。

当凡凡因为自己得的小红花没有其他小朋友多而失落时；因为没能得到老师的表扬而心有不甘时，我都会耐心地开导她，告诉她那并不重要，重要的是她努力过了，而努力是为了让自己更加优秀，而不是为了得到某种奖励。

从竞争中看到自身的不足

社会心理学研究证实，竞争是挫折的重要来源之一，痛苦和挫折常常引起敌意。因为有竞争，就不可避免地出现胜利者和失败者，这是正常现象。在竞争中失败并不丢人，况且胜利和失败也不是一成不变的，而是经常转换的，关键要对竞争的本质有正确的认识。看到别人比自己强毕竟是一件令人惭愧的事，但冷静地反思自己落后的原因才是最重要的。

随着孩子渐渐长大，所面临的竞争也越来越多。在各种各样的竞争中，每个人都希望自己能成为胜利者。但是，任何人都不可能是"常胜将军"，无论多优秀的孩子，也会在人生道路上遭遇这样或那样的失败。面对孩子的失败，我们首先不要灰心丧气，或对孩子大加指责。

事实上，聪明的家长应坦然面对孩子的失败。在看到自己的孩子失败时，不仅不能责备她，还要与她一起从胜利者身上找出优点与长处，同时对比自己身上的弱点与不足，找到提高自己能力的方法。而孩子在与父母共同分析出自己需要提高的地方之后，这种家庭团队之间的配合也会增强她的自信心和动力。

记得小时候参加班干部选拔，因一票之差而没能当上班长的我，回到家后哭得很伤心。母亲问清原因后，对我说："不要难过了。山外有山，人外有人，强中自有强中手。落选了也不是什么坏事，如果不是落选了，你又怎么能看到自己的不足之处呢？你正好可以借此机会，找一找别人身上更加优秀的地方，然后学习、超越。"母亲一番话，又点燃了我的斗志。但随后，母亲又叮嘱我，别人当选也是一件值得高兴的事，应该与同学一起分享成功，分享胜利的快乐。因为这句话，我之前有些嫉妒的心理也消失了。

孩子只有学会了平静地面对自己的失败，才能冷静地分析自己失败在何处，从而才能明白自己哪些地方还需努力，这样才能为在下一次的竞争中获胜打下基础。

另外，我们也要让孩子认识到，竞争不应该是狭隘的、自私的、充满阴险狡诈的和最终仅看输赢结果的。能够在竞争中获胜的人，必定是具有广阔的胸怀，以真实的实力来超越别人的人，是能够学会从竞争和挫折中提高自己并欣赏和包容对手的人。

如果我们的孩子能够保持这种积极乐观的心态，赢时包容对手，输时学会欣赏，就能渐渐摆脱自我怀疑，以更饱满的状态走向更大的人生舞台。

❗ 谨记那些破坏自信力的禁语！

"就你成绩这么差了？以后只能去扫大街了！"

上进心在孩子的成长过程中，非常重要。拥有了上进心，不用家长提醒，他们也会主动改正错误，改掉坏习惯。但孩子的上进心是需要家长用心培养，而不是盲目刺激的。

对于一些男孩来说，由于性格中具有"好斗"的成分，家长的这种"激将"的语言或许会令他们产生上进的动力。但对于敏感、自尊心又很强的孩子来说，如果你经常这样说，他们就会觉得自己不被爸爸妈妈喜欢了，进而自暴自弃。所以，与其用这样的话刺激孩子，伤害他们的自尊心，不如给他设定一个通过努力能够实现的目标，让他尝到成功的喜悦。当这个目标实现后，孩子往往会再为自己设置更高的目标，进而产生不断上进的心理。

"你现在还做不了家务呢！只会把家里弄得乱七八糟，快别给我捣乱了！"

也许我们认为孩子柔弱的样子需要人疼爱，但我们却在无意间忽略了他也想自立的愿望。儿童心理学研究表明，孩子在小学期间，其心理活动的主动性会明显增强，会更加想要去尝试与体验一些事情。所以，当孩子提出要帮助爸爸、妈妈做点家务，或者要自己收拾房间时，我们应该给他这个机会。而且随着他年龄的增长，我们更应该逐渐放手，将做事的主动权还给他。只要我们信任孩子，并适当地给予一些指导，他就能够将自己的事情做得很好，同时还增强了信心，锻炼了独立自主的能力。

第 **4** 章

人际交往中的
自信力提升

自　　信　　力

养成计划 20
好形象赢得他人尊重

良好的形象,

不仅可以反映在别人的眼中,

同时也让孩子对自己的言行有了更高的要求,

唤起其内在的优良素质。

当然,好的形象,

不仅指孩子长得"眉清目秀",

还要语言文明、举止得体、服饰恰当。

而一个拥有好形象的孩子,

更能够赢得他人的尊重,

这也是让孩子提升自信的有效途径。

穿着打扮要符合年龄

一个人的形象是由许多细节构成的,比如,外表的装扮、与人交往时的肢体语言、吃饭时的基本礼仪、说话时的神情与手势、走路的姿势，等等。而穿衣打扮，是最直观，也是最先给他人留下印象的。

对于小女孩而言，最美好的装扮，就是符合年龄段的打扮。凡凡刚上小学时，有一天放学回家告诉我，她的新同学邀请她参加生日宴，在生日宴上有个"化妆舞会"，要求女生们穿着公主裙带着花冠，并且化妆出席。

之后的几天里，凡凡每天都在思考自己穿什么衣服更好。每天写完作业，就在手机上搜索各种公主裙和佩饰。最终，她选定了一个有着很大裙摆的紫色裙子、一个皇冠，还有一双亮晶晶的小皮鞋，但仔细一看，那双小皮鞋下面带着一个大约两厘米左右的小跟。

参加生日宴那天，我又应凡凡的要求，给她画了淡妆，最后她戴上了皇冠，满意地出了门。一路上，凡凡的装扮引来了很多邻居的侧目，大家纷纷问道："凡凡，你这是要表演节目去吗？"

当得到凡凡否定的答案后，大家的口径变得出奇的一致，纷纷指责我不该给这么小的孩子化妆。面对大家的批评，我只能报以尴尬的笑容了。等到了凡凡的同学家，则仿佛进入了"小人国"一般，因为每个小女孩都化了妆，有的还化了很浓的妆，贴着假睫毛，大大的裙摆让她们走路都不甚利索。

吃过蛋糕以后，孩子们的"本性"就释放出来了，开始在屋子里追逐打闹起来。但是因为穿着不便。两个女孩因为"踩裙角"事件而争执了起来，哭得满脸都是黑色的睫毛膏和眼线液。顿时，屋子里一片孩子的哭声、叫声，还有来自家长的哄劝声和责骂声。

那天晚上回家后，凡凡向我抱怨："好好的生日宴，却玩儿得一点也不开心。"

"为什么呢？"我明知故问。

"因为穿的衣服太长了，做游戏特别不方便，好几次都差点把我绊倒。"凡凡回答说。

"其实，高跟鞋、化妆、舞会……这些都不是小朋友应该做的事情，在你们这个年龄去做超乎年龄范畴的事情，只会抑制你们的天性，天性被压抑了，自然内心就不快乐了。你看童话中的公主们，不是都长成大姑娘以后，才会穿着高跟鞋去参加各种舞会吗？"我终于说出了自己一直想说的话。

"怪不得我的脚一直不舒服呢！原来这双鞋根本不适合我！"凡凡低着头，再次打量起了这双早晨还让她喜欢得不得了的鞋子。

"爱美之心人皆有之"，尤其是女孩子，当她们看到妈妈穿漂亮的裙子，踩着高高的鞋子，化着精致的妆容时，就会不自觉地想要模仿。但一个人的打扮是她身份的象征，如果打扮得与自己身份不符，即便自认为很美，在别人眼中也如"跳梁小丑"一般。

我并不反对女孩子装扮自己，英国一位著名的形象设计师曾说："这是一个两分钟的世界，你只有一分钟展示给人们你是谁，另一分钟让他们喜欢你。"这句话的深层含义就是人们往往是通过一个人的着装打扮来评价这个人的。

对于任何人而言，外貌管理都是一门必修课。所以让女孩学会在合适的年龄，选择适合自己的装扮，也是一件极其重要的事情。

好形象，来自好姿态

外在的形象除了穿衣打扮外，言行举止也是很重要的组成部份。穿衣打扮是静态的表现，言行举止则是内在素养的动态体现。在生活中不难见到这样的人，单看穿着打扮会给人留下很好的印象，但是举手投足之间，就会立即降低别人的好感度。

所以女孩的形象要内外统一，除了在穿衣打扮上做到得体外，在言行举止上也要约束自己。"站有站相，坐有坐相"，这是小时候我最常听到的教导，每当我站的时候缩头躬腰，坐的时候瘫软无力，母亲就会用这句话来提醒我。因为在母亲的眼中，一个人的姿态体现了他的修养。

凡凡从小身高就比较突出，站在一群孩子中间，总有些"鹤立鸡群"的感觉。可能是为了不想自己太"显眼"，所以凡凡养成了弯腰驼背的习惯，尤其是站在小朋友面前时，总是驼着背，每次我提醒她后，她都会立刻将腰板挺直，但是过后又恢复了原状。

提醒了多次效果都甚微后，我决定换一个方法。因为母亲有些略微驼背了，于是我便派凡凡作为她姥姥的"监督员"，只要看到姥姥驼背了，就要上前去提醒姥姥。对于这个新任务，凡凡倒是很乐意接受。平时在家里她都是被大家管的对象，现在她有权利去监管别人，自然非常愿意。接到任务的当天，姥姥就被凡凡提醒了。结果姥姥却不"听话"，还反过来教训凡凡："你都不直腰，还管我呢！"

凡凡一听这话，立刻直起腰来说："您看我直起来了吧，您也赶紧直起来。"这下，姥姥不得不听了。

因为要当"榜样"，所以凡凡格外注意起自己的身姿来，每次路过镜子，都忍不住看看自己背直不直。每当她挺胸抬头向我走来时，我都会由衷地赞叹："看我闺女，走起路来多精神呀！"

不用多长时间，凡凡开始不用我提醒了，她自己就会不自觉地挺挺背、直直腰，让自己保持一个挺拔的身姿。

可能大多数妈妈都会遇到这样的情况，就是不管自己说多少遍，孩子都只能记住三秒钟，这时候，我们不妨利用孩子的心理特点，调换下位置，让孩子成为"榜样"，那么为了做好这个"榜样"，孩子就会在不自觉中严格要求自己了。

同时，我们还要帮孩子养成使用文明礼貌用语的好习惯，如经常说"谢谢""您好""对不起""请"等。父母还要告诉孩子：啰嗦重复、沉默寡言、说脏话骂人等行为，都是不礼貌的，也是破坏自己形象的不良行为。

总而言之，在广泛而复杂的社会交往中，一个举止优雅的孩子往往会成为社交场合一道亮丽的风景线。举止优雅的女孩，待人接物彬彬有礼、不卑不亢；不与父母顶嘴，不打断别人说话；知道体贴照顾他人，尊敬和关心他人；随时将"请"和"谢谢"挂在嘴边……

得体的装扮，优雅的举止，不仅赋予了孩子柔和性、大气、得体之美，更为孩子成长为气质成人奠定了最强有力的基础，会帮孩子赢得更好的人际关系，从而帮孩子迅速提升自信。

养成计划 21

懂分享的孩子不自私又不失自我

分享作为一种美德，

包含着宝贵的平等与博爱思想，

不仅限于吃的、玩的等有形的东西，

还包括心情、创意、想法、意见等无形的东西。

让孩子从小学会分享，

不仅能够增进他与人交往的能力，

更可以提升他的合作能力、思考能力等。

每个孩子都有一段自私时期

在凡凡不到两岁时，我带她到儿童乐园玩儿。开始去的时候，儿童乐园里人很少，基本都是各玩各的，凡凡看准了滑梯，一个人上上下下玩得很起劲儿。可是没多久，小孩子就渐渐地多了起来。玩滑梯的小朋友就不再是凡凡一个人了，于是每当有小朋友想玩滑梯，凡凡都会急忙跑过去，一把拽住人家说："这是我的！"

我连忙抱起凡凡，对她说："宝贝，儿童乐园是大家的，每个人都可以玩儿。"可凡凡却丝毫不理我的话，身子使劲挣脱了我的怀抱，继续捍卫她的"领土"，并逐渐发展为只要是她玩过的东西，其他小朋友一碰，她就会着急，嘴里一边喊着："那是我的。"一边飞奔过去护在怀里。

后来，在凡凡与其他小朋友相处的过程中，也经常出现这样"自私"的行为。比如有一次邻居家的小杰来找她玩，小杰想玩凡凡的小火车，但凡凡宁可推到沙发底下也不愿意让小杰玩，之后就是小杰拿什么，凡凡就抢什么。为了治治凡凡这个毛病，她跟小杰抢什么，我就跟她抢什么，然后将抢过来的玩具塞到小杰手里。小杰高兴了，凡凡却哭得很伤心，嘴里还不停地喊着："这是我的！这是我的！"

凡凡的"自私"行为让我很是烦恼，毕竟在当今这个竞争的社会中，只有懂得与他人合作的人，才能长足发展，而一个自私又不懂合作的人，只会被社会排挤，被时代抛弃。黔驴技穷的我只好买来了许多育儿书，一本一本地翻看。渐渐地我才意识到，我误解了孩子，凡凡的行为不能称之为"自私"。

在孩子两三岁的时候，是孩子自我认知的成长阶段。在这个阶段，孩子的所作所为完全是按照自己的意愿、情感需求而为之，他们十分渴望自己有权管理属于自己的东西，而且在这个阶段，他们的口头禅就是"我的"，他们每天的"工作"就是看管好"我的"所有物品，这是孩子自我意识的体现，是他们通过占有属于自己的物品来区分自己和他人的一种方式，因为只有占有了这个物品，他们才能感受到"我"的存在，而非大人所谓的"自私"行为。

如果我们就这样轻易地给孩子扣上"自私"的帽子，那只会加重孩子的这种行为，并不能让他懂得"分享"的真正含义。其实我们只需要给孩子一个成长的空间，一旦度过了这个时期，孩子就能懂得如何去分享。

善于倾听的孩子朋友多

倾听他人说话，

不仅能及时把握对方的信息，

弥补自己的不足，

不断完善自己，

还能让对方感觉被尊重，

加深彼此的感情，

有了善意和尊重，

才不会在交谈中表现出"无礼"，

从而拥有良好的人际关系。

认真听孩子说完

有一次，我跟凡凡在公园里散步，当我们谈到理想时，凡凡忽然兴奋地对我说，她想做一名小偷。最初听到这个答案我吃惊不小，以为是最近看的关于"神偷"的电视对她产生了不良的影响，当下就决定好好引导她一番。但看着女儿一脸天真无邪的样子，我突然强烈地想弄清楚她怎么会有如此想法，或许她跟我想的不一样呢？这个念头闪过之后，我将到了嘴边的话，又咽回到了肚子里。

还没等我问为什么，凡凡自己就开始解释了："如果当了小偷，就能给失明的老奶奶偷一缕阳光，还能给路边挨冻的乞丐偷一些温暖……"凡凡滔滔不绝地说了很多，她所谓的"偷"，都是得到一些用正常人的手段得不到，但是又可以帮助别人的东西，比如：时间、快乐……从她口中倾倒出的话语，就像是一首动人的小诗，深深地打动了我。

等她说完后，我真诚地为她鼓掌，然后说："如果你能成为这样一个小偷，那一定是世界上最善良的小偷，是妈妈的骄傲。"得到我的肯定后，凡凡更加雀跃了，她又告诉我说，这是老师留的诗歌作业，要求写出自己的梦想，她就这样写了，然后老师还在全班朗读了她写的诗。

如果一开始，我没有忍住自己的脾气，粗暴地打断了孩子的话，不但会令孩子委屈万分，而且以后再有什么新奇美妙的想法，也不会再与我分享。那是我第一次享受到"倾听"带来的好处，以往在孩子面前，我总是滔滔不绝地表达自己的那个人，总希望孩子能够听懂我的话，听进去我的话，并且记住我的教导。而孩子有时候想要说些什么的时候，我总会觉得那些天马行空的想法没什么意思，有时候听得心不在焉，无意中就打断了孩子。

其实，给孩子话语权，耐心地听孩子把话说完，不中途打断孩子，也是在帮助孩子提高语言表达能力。而一个话语能够引起妈妈重视的孩子，他的自我表达能力也会越来越强。同时孩子也能够从这个过程当中学习与人相处之道，那就是别人说话的时候，自己不要随意打断，要学会倾听。

我之前遇到过一个孩子，他给我留下了深刻的印象，就是从来不等别人把话说完，他就会立即打断。有一次，我看到他在写字，就走过去说："你这个字写得……"话还没说完，他就立刻说："我知道，我知道，你是想说我这字写得太丑了是吧，我妈妈天天这样说我，我的耳朵都快听出茧子来了。"

但事实上，我想说的是："你的字写得很有自己的风格。"

诸如此类的情况有很多次，直到有一次我听到他与她妈妈的对话，他正准备解释些什么，但是被她妈妈粗暴地打断了："别说了，你的理由一大堆。明明就是自己不努力，却总有的说，别人怎么没有你这么多理由？"

待他妈妈吼完，孩子的小嘴早就闭得紧紧的了。这时，孩子妈妈却又开始逼着他说话了："你说呀，你怎么不说了，你不是挺能说的吗？……"可是，孩子依旧不开口，因为妈妈阻断了他想要开口的欲望。而妈妈的行为，也给了孩子一个"范例"，那就是可以不等人把话说完，就将自己的想法倾泄而出。

"倾听"比"会说"更重要

有一年清明节放假，凡凡的同学到家里来玩儿，小女孩是第一次到我家，一进门就连忙问候我："阿姨好。"有礼貌的样子，十分招人喜爱。随后，两个小女孩就在屋子里玩了起来，我发现一向比较爱说话的凡凡在她面前几乎插不上嘴，整个下午，都在听她滔滔不绝地"演讲"，有几次，凡凡想要表达一下自己的想法，可是刚开口，小女孩就立刻接过了话茬，将凡凡的话"堵"在了嘴巴里。她当然不是故意为之，其实她根本没有意识到凡凡也想说话了，只是单纯地没有说够。

后来临走前，小姑娘礼貌地跟我道别后，又回头加了一句："阿姨，祝你清明节快乐。"我一下子就愣住了，不知道自己下一句该怎么回答了，只好道谢。

孩子说出这句话是因为年纪尚小，并不懂得清明节的含义，在他们看来，只要是放假的节日，都是好日子。但这也从侧面体现出了一点，那就是言多必失。我们常认为孩子"能说"是优势，尤其是能够与人滔滔不绝地聊天，更是一件值得骄傲的事情，因为这代表孩子具备优秀的交际能力。但实际上，"能说"不代表"会说"，在与人交谈的过程中，"会说"比"能说"更加重要。

所以我们需要告诉孩子，涉及朋友隐私、禁忌等情况的话语，都不要在聊天时谈起。比如某个小朋友因为考试成绩不理想，受到了父母的批评，在与她聊天的过程中，就不要刻意聊到有关成绩的话题，更不要用轻蔑的语言去嘲笑别人。

当孩子由"能说"变为"会说"时，我们就该告诉孩子，"倾听"比"会说"更加重要。著名的心理学家毕淑敏说："倾听，就是'用尽力量去听'。"

或许听起来有些夸张，却道出了"倾听"的精髓，那就是全神贯注，站在对方的立场上，充分地体会他的心情和想法，只有这样的倾听，才能够让说话者产生倾诉的欲望，并真实地感受到来自倾听者的尊重。

举个简单的例子。当我们向自己的朋友倾诉心中的苦闷时，如果他总是东张西望，一会儿起身喝水，一会儿接个电话，那么即便他能够坚持坐在我们对面直到听完，那么我们也会有一种苦闷无法诉说的感觉。反过来，朋友的双眼一直盯着我们看，我们说到悲伤处，他们会跟着悲伤，我们说到高兴处，他也会眉头舒展，那么相信这场倾诉会让我们十分痛快。

不用问，我们肯定更喜欢和后一种朋友在一起。那么想要将孩子培养成一个善于倾听的孩子，首先在我们与孩子的交谈中，就要做到全神贯注地倾听，情绪跟着孩子的情感起伏，充分进入孩子所说的场景当中，以实际行动教会孩子该怎样"倾听"。

养成计划 **23**

在处理同伴间的矛盾中成长

在孩子的人际交往中，

常因娇气、小心眼儿等个性特征而引发矛盾，

这是因为孩子的思维发展还处于以自我为中心的阶段，

只能站在自己的立场上，

不能站在别人的角度考虑问题，

也不能认同和接纳别人的意见。

但也正是在这些矛盾中，

孩子学会了观察和分析，

并能从中掌握与同伴相处的技巧。

正确引导孩子处理矛盾

凡凡上小学三年级的时候，我有了第一次被叫家长的经历，原因是凡凡与同学发生了争执，并且将对方的鼻子打流血了。

当我走进老师办公室时，看到了正在"面壁思过"的凡凡和另一个小男孩。老师见我进来，连忙解释了事情的前因后果：凡凡丢了一支钢笔，然后看到同学拿了一支一样的钢笔，于是便说那钢笔是自己的，但那位同学却说钢笔是自己的，于是两人拉扯起来，在这个过程中小男孩的鼻子流血了。

不一会儿，小男孩的妈妈也来了。两个孩子看各自有了"救兵"，于是再次吵嚷起来。

凡凡说："我的钢笔上有记号，如果不是我的，你为什么不敢给我看？"

小男孩毫不示弱地说："我的钢笔，凭什么给你看？难道你是警察吗？"

"我看你是心虚吧！如果不是偷的，为什么不敢拿出来让我看看？"凡凡使出了激将法。

但是小男孩却丝毫不退让，眼看一场争吵，就要再次爆发了。于是我上前拉住凡凡说："这样吵下去没有任何意义，只会激化你们的矛盾，不如你换个思路，或许事情就找到了解决的方法。"

凡凡一听，立刻闭上了嘴，小眼睛转来转去地想起了主意。不一会儿，她开口说："你不给看也行，但是你得证明那支钢笔就是你的。"

"这还不好说。钢笔是我妈妈给我买的，她就站在这，不信你问她。"小男孩指了指站在一旁的妈妈。

凡凡问："阿姨，那支上面有小熊的钢笔是你给他买的吗？"

小男孩的妈妈努力回想了一下，回答说："是，我从学校门口的文具店买的，我记得好像是25块钱。"

这一下，凡凡蔫了，她知道自己冤枉了好人，有些不好意思，扭捏了半天后，才对小男孩说了对不起。

小男孩很大度地表示没关系，随后也立即认错说："我也有不对的地方，不该先伸手推你。"

就这样，上一秒还吵得不可开交的两个人，下一秒又成了好朋友。当孩子解决了问题后，就会知道在这次矛盾中，自己错在了哪，并为自己的错误"买单"。后来我从凡凡的零花钱里拿出了一部分，买了一些水果送到了凡凡的同学家里。同学之间经常会产生小摩擦，从而引发各种各样的矛盾。如何引导孩子解决好这些矛盾，对孩子的成长和维护孩子的人际关系十分重要。

孩子与同伴之间发生冲突和矛盾并非都是坏事，通过矛盾和冲突孩子们能明白互相尊重、互相谦让的重要，从而逐渐学会控制自己、约束自己，用友好的方式解决问题。当我们看到孩子与小伙伴发生了争执，不要先入为主地批评或是袒护孩子，也不要争当他们之间矛盾的"裁判者"，而需做"观察者"或"引导者"，先给孩子一个机会，让他们说出事情发生的来龙去脉，然后鼓励孩子发挥主动性，自己解决矛盾。

如果孩子一时解决不了，我们可以适当引导他分析问题，学习从对方的角度"设身处地"地考虑问题，或放弃自己的意见顺从对方，或学会说服对方，让自己被别人接受。

父母请做好"旁观者"

在带凡凡去儿童游乐场玩的时候，我曾看到过这样一幕：

游乐场里只有一个大大的秋千，孩子们都轮流玩儿。这时候，一个稍微大一些的孩子也加入了进去，大概是因为玩上了瘾，那个孩子坐上去竟不愿意下来了，旁边站着好几个孩子等着玩儿，可是左等右等，也等不到自己玩儿，之前和谐的场面一下子变了，孩子们一拥而上，有的抓住这个孩子胳膊，有的抓住秋千两边的铁链，大家一起表达了对霸占秋千小孩的不满。

一看这么多人"围攻"自己，那个小孩儿伸出双手，推开这个，摆开那个，但最终还是寡不敌众，一下子掉在垫子上，接着委屈地大哭了起来。

哭声引起了旁边大人的注意，纷纷上前询问怎么回事。那个抢秋千的小孩儿，随便指了几个孩子，告诉自己的妈妈说："他们推我。"

孩子妈妈一听便急了，对着那几个小孩儿说："你们怎么能推人呢？从上面摔下来多危险呀！"

小孩儿们都为自己辩解："是他坐在上面不下来，我们都排队好长时间了。"

可是看着孩子哭的妈妈似乎失去了理智，又教训了孩子们几句。这时，其中一个孩子的妈妈看不下去了，也站出来说："我在旁边看得很清楚，之前几个孩子玩儿得挺好的，但是你们孩子一直霸占着秋千不下来，孩子等着急了，才想把他拽下来，他伸手打人的时候，自己不小心摔下来了。"

"这是公共场所，玩具是大家的，我们也是掏了钱进来的，既然我们孩子上去了，就说明他可以玩到尽兴。再说了，还有那么多玩具，为什么偏要欺负他一个人。"

……

双方家长各执一词，原本只是孩子之间的小矛盾，结果差点引发两个大人大打出手。

当看到孩子与其他小朋友产生矛盾时，作为家长，我们首先会产生一个念头，那就是"千万不要让自己的孩子吃了亏"。在这种心理的驱使下，就不自觉地在第一时间站出来，要么成为孩子的袒护者，为了给孩子争取一个公正而"冲锋陷阵"；要么就会担任起"裁判"的身份，用自认为客观、公平的方式化解孩子之间的矛盾和冲突。

而实际上，对于年纪相当的孩童来说，他们地位是平等的，也有他们自己的规则，很多时候，孩子之间产生了矛盾，都会积极寻找解决的办法，以平衡彼此之间的关系。而此时如果家长横加干涉，无疑会打破他们自己解决问题的自由权利，如此一来，孩子又怎么会有机会独立成长呢？

有一次，我和朋友带着各自的孩子，在快餐店吃饭。两个小家伙吃过饭后，就在快餐店里的儿童区玩起了滑梯。朋友家的小孩儿因为年龄较小，爬上高高的滑梯后，就不敢往下滑了，始终占据着洞口的位置。另一个小男孩在后面等得不耐烦了，便开始催促。

"你滑不滑，不滑让开。"小男孩说。

朋友的孩子回头看看，点点头，但是点过头之后，还是不敢。凡凡见状，立刻跑到我身边，告起状来："妈妈，妹妹不敢滑，占着位置不让开，那个哥哥着急了，要推她下来。"

朋友已经有一丝着急了，我笑着按住她准备站起的身子，然后把问题扔给了凡凡："那怎么办呀？"原本是找我解决问题的凡凡开始思考起来。

"不能让哥哥推妹妹，妹妹还小呢！"凡凡说，接着补充道："我在下面接着妹妹，她就敢了。"

说完，凡凡又跑回了滑梯处，对正准备将朋友孩子推下去的小男孩说："你不能推她，她是小妹妹，推下来受伤怎么办？"

小男孩也有些忌惮这个结果，于是撅着嘴说："她不下去，我怎么下去？"

凡凡看着坐在上面很为难的妹妹，柔声说道："妹妹，你别害怕，姐姐在下面接着你，摔不到你，放心吧！"

在凡凡的劝说下，朋友的孩子终于松开了紧抓着栏杆的双手，"嗖"地一下，滑进了凡凡的怀里，两个人一起跌倒在垫子上。

其实，孩子并不是我们想象中的那么孱弱，也比我们想象的要聪明，而只有我们做好"旁观者"，才能看到孩子身上的这些闪光点。

社交能力越鼓励越出色

害怕见生人，

与人说话时都紧张，

不敢抬头看人……

孩子在与人交往时出现这些现象，

可能是他的自卑心理在作祟。

面对孩子们的羞怯，

强制与逼迫只会让情况更加糟糕，

与此相比，他们更喜欢鼓励的方式。

别逼孩子打招呼

在人际交往中，打招呼似乎是第一步，对于孩子而言，见人甜甜地喊一声："奶奶、爷爷、叔叔、阿姨好！"总能给人留下十分好的印象。但有的孩子则恰恰相反，见人不爱打招呼。

　　我小时候就是这样的女孩。有一段时间，父母因为工作太忙，暂时将我寄养在奶奶家，奶奶比较爱串门，每次带我出去看到了熟人，总是让我跟人家打招呼。可我因为不认识，或是不熟悉，总是紧闭着小嘴不肯说话。这时，奶奶就会吓唬我说："再不叫人，奶奶就不喜欢你了。"面对奶奶的恐吓，我只会更加紧张与不安。这样的次数多了，我便渐渐将不打招呼和不被人喜欢联系到了一起。一想到要与人打招呼，就立即想到自己不被人喜欢了，于是变得更加内向害羞。

　　后来回到父母身边，这个性格依旧没有改过来。印象最深的一次，是我被母亲带着参加一个同事的聚会，见到很多叔叔、阿姨后，母亲便要求我打招呼。我一直在心里思量着每个人该称呼什么，但是母亲已经等得不耐烦了，就在我准备开口时，母亲一句"她就是这么害羞！"末了还加了一句："今天真不乖！"将我已经到嗓子眼的话打回了肚子里。从那以后，我的心里已经从之前的不情愿变成了抵触，因为自己已经在这件事情上被批评了，那就索性"不乖"到底了。

　　后来接触到了心理学，我才知道孩子在童年时期不喜欢打招呼，跟孩子的年龄、特质、场合等因素关系都十分密切。有的孩子不爱与人打招呼，原因是孩子当时的注意力在别处而忽略了打招呼，比如要求正在玩玩具的孩子与人打招呼，孩子沉浸在自己的世界中，所以不予理睬。这时候，如果我们强行要求孩子打招呼，那么只会让孩子对打招呼这件事情产生抵触。针对这种情况，我们可以尝试先吸引孩子的注意，当孩子的注意力在自己的身上后，再要求孩子打招呼。

　　而有的孩子不敢与人打招呼，则是天性使然。尤其是年龄小的孩子，当被要求和不太熟悉的人打招呼时，第一反应往往是警戒和退缩，这个时候我们越是鼓励，孩子就越是感到恐惧。

　　其实，让孩子从闭嘴到开口并不难，只是需要一步一步来。首先可以先鼓励孩子学会微笑，或者是点头、挥手这样不需要说话的打招呼方式，这比让孩子开口要简单得多，而且孩子也更容易做到。当孩子成功地迈出了第一步，我们要给予肯定，称赞他的勇气。同时，通过主动打招呼，孩子也能够体会到来自他人的友善态度，这会让孩子自信起来。等到孩子不再有抵触心理时，我们再引导孩子开口打招呼。这时，我们打招呼的方式，不妨也变成孩子的口吻，比如："阿姨好""叔叔好"等，这样不但告诉了孩子该怎样打招呼，同时也帮孩子开了头，家长已经说过了，孩子再说一遍就会简单得多。

还有一种情况，就是孩子只是不愿意跟"特殊"的人群打招呼，比如长相凶悍的大叔、戴着眼镜的人、行为举止不同常人的人等等，这个时候孩子不愿意打招呼，可能是因为在视觉上，孩子会觉得此类人可怕，所以不敢打招呼。这个随着孩子年龄的增大，以及接触时间变长，孩子的恐惧自然就会消失。

了解了孩子不愿意打招呼的根本原因，解决的方法就简单明了了。但是绝不能去逼迫孩子，或是给孩子施加压力，更不要给孩子扣上"不愿与人交往"的帽子，或是贴上"害羞"的标签。

羞怯只是一种心理障碍

参加亲子沙龙时，为了让孩子们尽快熟络起来，老师组织了一个"破冰"游戏。孩子们听到要做游戏，都跑上前去，只有一个小女孩，死死拽着妈妈的衣角，偏要妈妈跟她一起做游戏，可是这个游戏不允许大人参加，于是，小女孩遭到了妈妈的拒绝。

小女孩的眼中流露出对游戏的渴望，但却依旧不敢向前走一步。看着大家都在等她，小女孩的妈妈有些着急了，不停地用手向前推着小女孩，并说："快点去呀，就等你了。"可越是这样，小女孩就越是退缩。

多次鼓励无效后，小女孩的妈妈有些生气了，说："这么胆小，下次别来了！"听到这样的话，小女孩放弃了"挣扎"，完全低下了头。

妈妈虽然很着急，但是孩子的心里也并不好受。如果说妈妈在此时表现出不耐烦或是觉得很丢人，那对孩子而言就更煎熬了。害怕、羞怯对于孩子而言，是一种极为不舒服的体验。这时，老师为了缓解这种尴尬，走到一个年龄较大，看起来很有"安全感"的小女孩身边，低语了几句，小女孩点了点头走到那个躲在妈妈身后的小女孩面前，伸出手对她说："走吧，我们一起去。"小女孩思索良久，终于从妈妈身后走了出来。

每个孩子都有过羞怯的经历，只是时间长短不同而已。事实上，这只是一种心理障碍，在他们的内心更渴望成功，也渴望拥有更多的朋友，只是他们不敢，因为他们害怕失败，害怕被人嘲笑。而这些"失败"与"嘲笑"并不是真实存在的，只是孩子自己臆想出来的"假想敌"。如果孩子总是沉浸在这种想象的"困难"中，不敢迈出前进的步伐，又怎么能够做到战胜真正的困难，取得成功呢？想要孩子们走出这种心理障碍，需要家长进行正确的引导。

我身边有一个朋友，从小到大她都不是那种出类拔萃的女孩，但是她却是我见过最自信的姑娘。"六一"儿童节，学校组织文艺汇演，大部分同学都是被老师选中上台表演，而她总是毛遂自荐的那一个。虽然她的才艺不是最出众的，但是有她这种勇气的女孩却是凤毛麟角。上大学了，在校园里看到喜欢的男生，她绝不会选择暗恋，而是会勇敢地上前表白。参加工作后也是如此，她敢向领导直言加薪，也敢在公司的年会上高歌一曲。虽然无论是在学校里，还是在公司里，她都不是那个最好、最优秀的人，但是她身上的自信，让她一直过着自己想要的生活，并体验着快乐和幸福。

这不得不归功于她的妈妈，在我的印象中，每当谈及她，她妈妈的话语中都是肯定，不是说她心灵手巧，就是说她乖巧懂事。而所谓的心灵手巧，不过是用废纸折了一只小船，所谓的乖巧懂事，不过是将吃完的瓜子皮倒进垃圾桶等等小事。

心理学家伦尼·哈得逊博士说："面对孩子们的羞怯，强制与逼迫只会让情况更加糟糕，与此相比，他们更喜欢鼓励。"我们总是喜欢盯着或是放大孩子的不足和缺点，而对他们的进步视而不见，那孩子就会感到自卑，不敢在人前表现自己。而当我们不再放大孩子的缺点和不足时，孩子就会拥有一颗平常心，当我们能够对孩子的良好表现给予夸奖和鼓励时，孩子就能够在人际交往中变得更加自信。

养成计划 25
以诚信赢得他人信任

诚信，

是一种传统的美德，

是每个人都应该具备的基本素质，

是人际交往中最基本的道德规范，

也是一个人能够立足于社会的根本条件之一。

讲究诚信的孩子，

踏实可信，

稳重而不轻浮，

并且受他人的欢迎。

谎言背后的真相

有一次，凡凡在跟小伙伴玩耍的时候，不小心将我养的一株滴水观音压折了。凡凡深知我对这盆花的喜爱程度，因此压断后不敢对我说，而是找了一根很细的针，插在已经断成两截的花茎中间，就这样断了的花茎又被"连"了起来，直到三天后我给花浇水的时候才发现端倪。

当天凡凡放学回来后，我一边做饭一边假装不经意地问她："凡凡，妈妈发现那盆滴水观音的花茎断了，你知道是怎么回事吗？"凡凡本以为自己可以瞒天过海，却没想到被我发现了。凡凡先是愣了一下，然后转过身，低着头回答我说："是妞妞，它淘气，爬到花上，不小心给压断的。"

妞妞是我家养的一只小型犬，个头特别小，而栽花的盆子却很高，妞妞怎么可能爬得上去呢？但如果我在这个时候直接揭穿她，那么她一定会觉得自尊心受损。于是我继续说道："哦，原来是妞妞呀。它也太淘气了，把我心爱的花弄坏了，看来得给它点惩罚才行，罚它今天不能出去玩儿，也不能吃饭了。"然后又问道："那又是谁帮妈妈把花茎给连起来的呢？"

"是我，我怕妈妈看到花茎折断了会生气，所以就用针给穿了起来。"凡凡抬起头，看着我说。然后不等我说话，就连忙说："妈妈，我去写作业了。"然后转过身就朝自己的房间走去。一直到吃饭时间都没有出来过。以往的这个时候，她早就写完作业坐在电视前看动画片了。

在我们从小到大的教育中，说谎是被绝对会被批评的行为，一旦说谎就会被上升到品质问题的高度。但事实上，根据加拿大多伦多大学儿童心理研究中心的调查显示，几乎所有人在孩童时期都有过不同程度的说谎行为。

大概在孩子两岁的时候，随着他们自我意识的提升，会下意识地将自己的行为和妈妈的情绪联系起来。比如：弄洒了饭菜等同于妈妈生气了，这时在他们的大脑中，就会出现相对应的反应，"我不想妈妈生气""不想将饭菜弄洒",但因为他们还无法明确分清现实与想象,不想让妈妈生气,于是说出口的话就可能就会成为:"不是我弄洒的。"

当过了这个时期,到了四岁左右,孩子就可以明确地区分开什么是谎言了,但是由于他们还无法准确地叙述清楚一件事,但是内心又不希望自己被惩罚,所以便会根据自己的意愿篡改事实。凡凡四岁多的时候,刚买给她的一个小玩偶不见了,当我问起她时,她因为很害怕我会因此数落她,于是她便说:"是姥姥给扔了,我说别扔别扔,姥姥还是给扔了。"

那话说得就像是真实发生过一般,但事实上,她并非有意"陷害"姥姥,只是因为在她心里,妈妈不敢骂姥姥,但是会批评她,为了避免自己被批评,只能用姥姥当"挡箭牌"。这之后,凡凡还说过各种各样的"谎话",仔细揣摩过后,就会发现,她的谎言并没有任何恶意,或者说仅仅是出于自我保护的一种本能。

当我们了解了孩子为什么会说谎时,那么她们的说谎行为也就变得不那么可恶了。于是我敲了敲凡凡的房门,示意我要进去了。

进去后,我发现凡凡在偷偷地哭泣。见我进去后,凡凡满脸泪痕地对我说:"妈妈,你别惩罚妞妞好吗?花是我不小心压断的,我怕被你骂,所以才用针穿了起来。"说完,凡凡更大声地哭了起来。

我连忙趁机告诉她,她能够勇于承认错误,让我感到很欣慰;相反,如果她只知道推卸责任,那么我会比花折断了更加伤心。并向她承诺,只要犯了错误后能够勇敢承认,那么就绝对不会受到惩罚。

当我们发现孩子有说谎的行为时,第一反应就是批评、教训,这种处理方式,只会将孩子推向说谎的边缘。事实上,孩子有说谎行为时,很大程度上与诚信无关,只是说明了他的认知能力在提升,大脑在发育，而我们此时的态度非常重要，不揭穿孩子的谎言，是在保护孩子的尊严，但同时也要让孩子们知道妈妈已经看穿了他们的谎言，然后给他们时间去思考，然后认识到自己的错误，并勇敢地承认。

一旦孩子承认了错误，不管犯的错误有多大，都不要对孩子进行惩罚。首先要对他勇于承认错误的行为进行肯定，然后再告诉他下一次遇到这样的情况，该怎样去解决。

做好孩子的第一位老师

父母是孩子最好的老师，孩子的很多行为和习惯，都是从父母身上继承下来的。想要培养一个讲诚信的孩子，我们首先得成为说到做到的家长。

记得凡凡大概三岁多的时候，有段时间她对海洋生物特别感兴趣，于是我便承诺说要带她到海洋馆参观。然而，刚答应完孩子，繁重的工作就接踵而至。几乎每天下班回家，凡凡都会问我："妈妈，我们什么时候去海洋馆？"我每次的答复都是："等妈妈休息，就带你去。"然而，等我真的休息的时候，又想好好地睡一觉，于是带凡凡去海洋馆的计划一再拖延。渐渐地，凡凡也不再问我这个问题了，我也乐得清闲，心想：总有一天会带她去的，只是时间问题。

却没有想到，我在孩子的眼中已经变成了不折不扣的"匹诺曹"了。那天，我带着凡凡到母亲家过周末，我在厨房里准备午饭，母亲带着凡凡在一边讲故事。当时我母亲讲的故事是《匹诺曹》，故事讲完了，凡凡却不买账，直言姥姥"骗人"，因为说谎的人鼻子是不会变长的，就比如妈妈。

当凡凡的小手指着我的时候，我还是一头的雾水，脑海里迅速搜索着自己欺骗她的场景，但是却怎么也想不起来，于是便问她："妈妈什么时候骗你了？"

"你说带我去海洋馆，却一直没有去。"凡凡回答。

我这才恍然大悟，于是立刻为自己辩解。

"那是因为妈妈工作比较忙，等不忙了一定带你去！"在我心里，并不认为自己这是在撒谎，因为我知道只要时间允许了，我就一定会带她去。

"哼，你总是骗人。你上次说，我要是不哭了，就给我买糖吃。后来我就不哭了，可是你也没有给我买糖吃！"凡凡说的事情，我都记不清什么时候发生过了。但是类似这样的事情，好像还有很多，凡凡滔滔不绝地说了很久。

"妈妈说这个玩具坏了，再买个新的。但是却一直没买。"

"妈妈说天气暖和了，带我去郊游。但是夏天都快要过去了，却一直没去。"

"妈妈说只要我乖乖睡觉，就在梦里跟我玩儿。但是我睡觉了，妈妈却没有到梦里来。"

……

凡凡所列举的种种"罪状"，有的我依稀记得，但是有的只是当时脱口而出的话语，过后就忘得一干二净了。我却没有想到，凡凡记得如此清楚。

这不禁令我想起我国古代"曾参杀猪"的故事。故事讲的是：一天，曾参的妻子去赶集，他的小儿子哭闹着要跟着去，曾参的妻子被纠缠得无奈，便对孩子说："你要听话，留在家里，妈妈回来杀猪给你吃。"孩子被哄住了。曾参妻子从集上回来时，见曾参正准备杀猪，就上前阻止说："不过是哄孩子玩的，怎么真的要杀猪呢？"曾参说："孩子是不能欺骗的，今天你说话不算数欺骗孩子，就是教孩子说假话。"于是，曾参杀掉正养着的猪，兑现了妻子随口许下的诺言。

我们希望能培养出一个诚实守信的孩子，但是自己却在有意无意地做着"反面教材"，轻易地许诺，却又从不兑现，这样的言传身教，可要比故事书更加有影响力。如果我们自己都做不到言而有信，那么又怎么去要求孩子说到做到呢？

作为对孩子影响最深远的人，我们在向孩子许诺时，一定要考虑清楚，自己是不是真的打算这样办？是不是能兑现承诺？承诺一旦许下了，那么就要当真去做。只有这样，才能做孩子的"榜样"，培养出讲诚信的孩子。

！ 谨记那些破坏自信力的禁语！

"放心吧，你所有的问题爸爸、妈妈都会帮你解决！"

当孩子遇到困难向我们求助时，我们总是会扮演"救世主"的角色，想尽快把孩子从困境中"解救"出来。然而，长期这样下去，当他遇到困难时，就不想自己面对并想办法解决，只想着找父母帮忙。但父母不可能帮助孩子一辈子，孩子总要长大。当我们不再帮孩子解决问题时，就等于欺骗了孩子。

第5章

成长中的阳光心态与正面思维

自　信　力

养成计划 `26`

爱笑的孩子运气不会太差

笑容，

能够传递友善与关怀，

能够让见到的人如沐春风。

培养孩子微笑的能力，

让他以笑容面对生活，

生活才能对他报之以灿烂。

因为生活是一面镜子，

你对它笑，

它对你笑；

你对它哭，

它也对你哭。

妈妈乐观，女儿才能乐观

在一次去四川的长途旅行中，我结识了一个名叫"红姐"的女人。那天因为她的姗姗来迟，客车等了很久，大家都满腹抱怨。所以，她上车后，大家都没有什么好脸色。面对大家的冷眼相对，她倒是满脸堆笑，一个劲儿地跟大家道歉。

车行至半路，一个中年大姐因为晕车，吐得稀里哗啦，大家都捂着鼻子远离那刺鼻的味道，只有她上前，帮忙擦拭，递水喂药。一下子，大家都释怀了她的迟到，渐渐跟她熟络起来。原本很陌生压抑的气氛，因为有她时不时传来的笑声，竟渐渐地融洽起来。

到了目的地后，她第一个下了车，却没有走远，而是帮着导游搀扶车上的人下车，那样子不像是在帮忙，而像是在等朋友一样，脸上笑呵呵的，跟每一个下车的人都要聊上几句，开个玩笑。后来熟悉以后，我才知道，红姐是一个保险销售人员。那时，心里忍不住想：她之所以对每个人都报之以微笑，恐怕是她的职业习惯吧。或许用不了多久，她就该向我们推销保险了。

然而，结果却出乎我的意料，她一直没有向我们推销保险，但是热情却没有消减半分。乘坐漂流时，船忽然坏在了半路，每个人都很恐慌，只有她劝大家不要着急，她相信一定会有人来接我们。在等待救援的过程中，她不停地跟我讲起她从事保险行业后，遇到的各种有意思的客户，逗得我们哈哈大笑，自然也忘了害怕。

那次行程结束后，我们相互留下了联系方式，偶尔也会见见面。但无一例外，每次我见到她时，她总是一副元气满满的样子，她的笑容也总能让人感受到阳光般的温暖。

有一次我问她："你每天这样笑呵呵的，难道就没有烦心事吗？"

她回答："当然有烦心事了，但是哭丧着脸就不烦恼了吗！再说了，没有人愿意和一个愁容满面的人谈业务。"

是啊，一个面带微笑的人，走到哪里都会更加受欢迎的。孩子性格的形成，及对待生活的态度，往往都是在父母的影响下，慢慢培养起来的。如果家长总是对生活积极乐观，那么孩子也会成长为积极乐观、勇于向上的人。

所以，作为家长，我们时刻要保持乐观的情绪。当面临困难时，处事不惊、遇事不乱，以积极乐观的态度想办法解决问题，这样才能给孩子以信心和榜样，帮助他战胜失落的情绪。养育孩子的过程，其实也是父母不断充实与学习的过程。

养成计划 **27**

输得起，才能赢得漂亮

有竞争，

就不可避免地会出现胜利者和失败者，

这是正常现象。

在竞争中失败并不丢人，

况且胜利和失败也不是一成不变的，

关键要对竞争的本质有正确的认识。

看到别人比自己强，

毕竟是一件令人惭愧的事，

但冷静地反思自己落后的原因，

才是最重要的。

输不起的孩子抗挫能力差

一次，同事带着孩子彤彤到我家做客，彤彤的年龄和凡凡差不多大。两个小女孩一见面，就高兴地玩了起来，我和彤彤妈妈就坐在一旁聊天。当彤彤得知凡凡也在学校报了围棋班时，当即决定和凡凡对弈一盘。

摆好棋盘后，彤彤自信地对她妈妈说，自己一定能赢。凡凡虽然没说，但是看样子也不服输，所以一开局，两个孩子就陷入了紧张的"厮杀"当中。我虽不懂围棋，但是也能看出彤彤求胜心切，对凡凡的棋子步步紧逼，而凡凡则采取迂回战术，并不跟彤彤纠缠。就这样，彤彤从一开始的略占上风，到后来与凡凡持平了。

当彤彤又被连续吃了三子时，她有些着急了，连忙挡住凡凡捡棋的手说："我刚刚还没想好，我不这样走了。"面对彤彤的悔棋行为，凡凡大度地接受了。可是没下两步，彤彤再次故技重施，这次凡凡不愿意了，说道："老师说了，棋子一旦放到了棋盘上，不管是不是没想好，都不能再动了，否则就是犯规。"

被凡凡拒绝的彤彤有些怏怏，接下来的气氛有些紧张。下到最后，一张棋盘上已经基本摆满了凡凡的棋子，彤彤拿着一颗黑棋，眉头拧成一股绳，因为棋盘上大部分都已经是"敌人"的"领地"了，不管她这颗棋子落在哪里，都要面临被吃的危险。想了半天，彤彤也没有找到该放在哪里，于是气急败坏的她将手中的旗子往棋盘上一扔，将原本黑白分别的棋子打得乱成一团……

"输不起"几乎是每个孩子与生俱来的特点，不管是在游戏中，还是在比赛中，赢了就会很高兴，输了就不高兴，甚至哭闹。但是由于能力有限，孩子不可能永远都能是那个胜者的角色，当他们发现不管自己怎么努力，都无法赢时，发脾气、哭闹就成了他们最好的宣泄方式。孩子输不起，跟妈妈平日里的教导有很大的关系。

如果妈妈平时就将输赢看得比较重，那势必会影响孩子对待输赢的态度。在彤彤和凡凡下棋的过程中，彤彤妈妈不止一次地提醒彤彤："放那你就输了。"很多观棋者其实都有这样的习惯，去指挥下棋的人如何应对，但是对于孩子而言，她们接收到的信息就是"妈妈不想我输"。可以见得，平日里彤彤妈妈对孩子的输赢也是比较在意的，比如：在比赛中要争第一，吃饭学习等不能落后。

另外我还发现的每当彤彤吃掉凡凡的棋子时，彤彤妈妈总是不失时机地称赞孩子。其实，过度的称赞也是让孩子输不起的原因之一。现在很多妈妈信奉"好孩子是夸出来的"，理念没错，但在执行的过程中，却要因情况而定，不能只夸不贬，这样只会让孩子在夸赞中迷失方向，认为自己就是"最棒"的那一个。一个总是被捧着的孩子，就会怕掉在地上的感觉，因为"站得越高"，才会"摔得越惨"。

输了也没什么大不了

输不起的孩子通常都有如下表现：

玩游戏时，赢了就高兴，输了就会闹脾气，甚至出手伤人；在考试中非常看重自己的分数，成绩不好就哭泣，甚至不吃不喝；画画的时候，会因为没画好，就把整幅画都撕毁，并再也不愿意画画……

一般我们认为这是孩子"要强"的体现，也说明孩子有上进心，并认为这样的孩子将来肯定有出息。但事实却恰恰相反，真正的有上进心，是能够坦然地接受失败，然后从失败中获取成功的经验。而输不起则是不能承受失败之痛，一旦失败了，就不再愿意尝试，或是沉浸在失败中走不出来。

人生道路漫长，输赢只是一时，不能代表一世，所以孩子过度在意输赢的结果，只会平添烦恼。更何况，输虽然代表着失败，但是也蕴藏着经验和智慧。可以说，越早输过的孩子，才能更早地获得成功。

所以，在凡凡很小的时候，我就给她"灌输"了"输了也没什么大不了"的观念。有时候陪她玩游戏时，我会故意输掉，然后无所谓地说一声"输了就输了，没什么大不了"。这并不是在满足孩子好赢的心理，而是想通过我的实际行动，告诉孩子，输了也没有什么大不了。有时候，我也会丝毫不让，目的就是让孩子体验一下输掉的感受，并让她真实地体会到输了真的没什么大不了。

一次凡凡和邻居家丹丹搭积木，两个人比赛谁的积木搭得高，丹丹搭得快，很快就比凡凡高出了一大截，就在凡凡追赶丹丹的过程中，一个积木没有放稳，导致刚刚搭起的"高塔"坍塌了。听着"哗啦"一声，空气似乎都静止了。丹丹见了，十分惋惜地说道："凡凡，你的积木倒了，真可惜。"结果凡凡只是短暂地难过了一下，就立刻说："倒了就倒了，没什么，我再重新搭就是了。"虽然在那场比赛中，丹丹赢得了胜利，凡凡有些许的失望，但是这也没有影响她接着玩下去的心情。

当然了，这种方法只适用于孩子们还不懂得输赢之间的差别时，因为还不懂，就很容易接受"输了没什么"的观念，但是当孩子对输赢有了清晰的认识后，能够清楚知道"输，说明自己的能力不足"时，他们就不会觉得没什么大不了了，因为他们的自尊心受到了挫折。

这个时候，我们就应该及时告诉孩子"为什么输了也没什么大不了"，因为输了不但还可以重来过，而且还能够让我们在输的过程中看到自己的不足，并将这些不足改正。就算是有些事情只有一次机会，输了就是永远地输了，但是也要让孩子知道"上帝在关上一扇门的时候，还会留下一扇窗"，生活总是有无尽的可能，输不起远比输了更加可怕。换言之，就是"失败乃成功之母"，没有失败，何来成功呢？

　　过于执着于输赢，只会让孩子陷入执念中，给自身增加压力，阻碍前进的步伐。要让自己的孩子既有自信心，又要以一颗正常心和平常心来面对竞争，做到不认输、有毅力，胜不骄、败不馁，学会竞争、适应竞争，从而在竞争中获得成长。

养成计划 28
学会释放压力，才能远离负能量

世界是个复杂的空间，

人生之路也充满了矛盾与坎坷，

孩子们也总会面临各种各样的压力。

这种压力可能来自生活，

可能来自家庭，

也可能来自学校和社会。

当置身于各种困难的包围时，

最需要的就是学会缓解压力，

这样才能释放出身上的负能量，

吸收正能量。

别在学习上给孩子压力

观看《大头儿子和小头爸爸之一日成才》这个电影时，我最大的感触就是，现在的孩子太不容易了，每天都有写不完的家庭作业和上不完的补习班，好不容易周六日放假了，还得上各种特长班。因为不想给孩子太大的压力，所以从凡凡很小时，我就打定主意，绝对不让她上补习班。

但是却没有想到，有一天凡凡主动向我提起了上补习班的事情。原因竟是身边的好朋友都在上补习班，自己不上的话，想找个玩伴都成了难题。凡凡的理由让我哭笑不得，但是这个现状也让我感到十分忧心。虽说早就喊出了"减负"的口号，但是"负担"却有增无减，这一切很大程度上跟家长的心态有关。

好友萍萍的孩子比凡凡大上几岁，在萍萍的眼中，女儿就是她的骄傲。学习成绩一直名列前茅，钢琴舞蹈也是信手拈来。所以每次聚会时，萍萍总是忍不住向大家"炫耀"自己的孩子，在获得大家由衷的夸奖时，她和孩子的眼中都会流露出自豪的神色。但是从上了三年级后，小家伙的学习成绩就直线下降。在一次期末考试过后，天都黑了，孩子还没有回家，这可急坏了萍萍，于是连忙发动全家人寻找。最终，在小区花园里的长廊中找到了孩子，孩子的手中握着一张数学试卷，脸上纵横着泪痕，看见萍萍后，更是哭得不能自已，并且边哭边对萍萍说："妈妈，我数学考试的成绩没及格，你惩罚我吧，我让你丢人了。"

孩子的哭声和话语像铁锤一般砸在萍萍的心上，从前她一直没有意识到自己的"炫耀"行为，在无形中已经成为孩子的一种负担。在孩子幼小的心灵中，她已经将自己的成绩与妈妈的"面子"联系到一起了。孩子成绩下降，每一个妈妈都会感到心焦，但相比之下，孩子的心理压力如此之大，让萍萍感到更加恐慌。

因为无法忍受学习压力而选择自杀的孩子屡屡见报，而且年龄也越来越小。另一个朋友的女儿学习成绩一直不错，但是高考的时候因为一时紧张，导致大脑一片空白，很多原本会做的题都没有做出来。一出了考场，孩子就崩溃大哭，求妈妈再给她一次机会。妈妈劝慰了半天，才算稳定住情绪。成绩出来后，估分后的成绩与预期相差甚远，孩子一下子就沉默不语了，成天埋头在房间里不停地写写算算。

孩子的情况，着实让朋友着急了许久。一直以来，她都很重视孩子的成绩，要求孩子考重点，考名牌，孩子没考上后，她连鼓励的话语里，都隐含着"压力"，她说："高考没考好没关系，到时候考研就行了。"这不是鼓励，这是又一次施压，如果孩子考不上，那就等于失去了所有的希望，那个打击是致命的。

有了这个朋友的前车之鉴，萍萍在针对自己孩子的学习上，再也不敢在人前刻意炫耀孩子的成绩了。如果有人问起，萍萍的回答都是："我很满意，我女儿从来没有上过课外补习班，但成绩却一直在中上等，而且每次考试都有进步。"

这样的话语，无疑会让孩子放松许多。学习知识对孩子而言是一种探索，是他们十分愿意去做的事情。因此，在面对孩子学习的问题上，鼓励代替惩罚和批评，肯定代替夸耀和奖赏，让孩子顺其自然地去努力，而不是在妈妈的"强压"下被动学习。这看似"中庸"的方式，才是为孩子减轻学习压力的有效途径。

养成计划 29

与其抱怨，不如改变

我们的孩子，

就像是一面镜子，

反射出我们的状态。

一个不快乐的孩子背后，

一定有一个整日唉声叹气的妈妈。

生活虽有诸多艰辛，

但是站在不同的角度看待问题，

悲观和乐观之间，

往往只隔了一条线。

我们是否能够乐观、积极地看待问题，

对孩子的成长影响深远。

第5章 成长中的阳光心态与正面思维

不做爱发牢骚的妈妈

在快节奏的生活中，我们每一个人都面临着不同的艰辛。大人要为工作与生活烦恼，孩子要为考试与升学忧愁。在得与失之间，牢骚与抱怨也随之而生。

那时凡凡刚上小学一年级，有一天放学后，她举着一只漂亮的风车跑了出来，一见到我就放到我手里，说是送给我的。同样，一个跟凡凡一般大的小女生拿着一朵纸折的花跑了出来，满脸笑容地送给了自己妈妈。但是女孩的妈妈却看也没看，只是催促着女孩赶快上车，说自己还要赶回家做饭。

女孩极力想让妈妈看一眼自己手中的花朵，所以并未听话地上车，而是走到电动车前，举到妈妈的眼前。女孩妈妈对孩子的不听话十分生气，语气已经由"催促"变成了"呵斥"，"让你快点，没听见呀！干什么都磨磨唧唧的，回去我还要做饭呢！成天累死累活的，你能不能让我省点心！"说着，伸手去拽孩子的衣服，却不料碰到了车把上的袋子，袋子里刚买的菜洒落了一地。

这让女孩的妈妈更加生气了，她立刻跳下车来，伸手在女孩脑门上戳了一下，并骂道："烦死了，怎么总给我找麻烦呢？上班就累死了，下班还不消停！"女孩在妈妈的"连番轰炸"下，终于忍不住哭了起来。凡凡忍不住走了过去，拉住了女孩的手，然后对女孩的妈妈说："阿姨，这朵花是月月专门给你叠的，是康乃馨，她说你每天工作很辛苦，她要感谢你。"

女孩听了凡凡的话，用力地点点头，同时哭得更大声了。女孩的妈妈有些后悔刚才那样对孩子，于是连忙蹲下身子将女儿搂在怀里，"你为什么不早点跟妈妈说呢？"女孩的妈妈柔声问道。

"我跟你说了，可是你没听见，一直催着我上车。"女孩委屈地回答。

那天，我们一起推着车子走回了家。路上，女孩的妈妈告诉我，孩子的爸爸没有工作，所以她要一个人打两份工来维持生计，因此她每天都很累，回到家也没有多余的精力陪孩子玩儿。她从心里觉得很对不起孩子，但是在行为上，她又忍不住将自己对生活的不满发泄在孩子身上。

对生活不满的人比比皆是，但是请不要让我们的孩子也成为其中一员。因为在学习中发牢骚，并不能让他认识到自己的不足在哪里，反而还会让他对自身的能力产生怀疑；今后在工作中发牢骚，只会让他消极怠工，缺少上进心，毫无前途可言。

作为父母，我们首先不要在孩子面前去抱怨生活中的不顺心，就算是遇到天大的麻烦，也请拿出积极的精神去面对。只有这样，我们才能给孩子树立乐观的生活态度。

思想改变，境遇随之改变

瑶瑶出生时，因为缺氧导致大脑发育有些迟缓，在学习方面总是要比一般的孩子慢半拍。因此，瑶瑶的妈妈给她报了很多补习班。语文补习班的老师很年轻也很负责，每当面对瑶瑶前言不搭后语的习作时，总是将瑶瑶留下，然后耐心地给她讲解。然而在学校里，经常被老师留校可不是一件"光荣"的事情，因为只有那些"差劲儿""没用"的孩子才会被留校。所以很快补习班里就传遍了，瑶瑶是个脑子有问题的孩子。这些嘲笑的话语慢慢地传到了瑶瑶的耳朵里，让瑶瑶感到很苦恼。瑶瑶的妈妈知道这件事情后，没有声讨那些嘲笑瑶瑶的孩子们，而是对她说："老师讲了那么久的课，已经非常辛苦了，她还要专门抽出时间为你讲解，就更加辛苦了，老师这么做是希望你的成绩能够越来越好，这是老师看好你的一种表现，所以你应该谢谢老师。"

每个孩子都是渴望被老师喜欢的，瑶瑶也不例外，为了让老师能够更加喜欢自己，所以再次被留下补课时，她听得格外认真，因为她不想让老师的辛苦白费。又有一次，瑶瑶被留下的时间有点长，老师讲解完后，瑶瑶的肚子都有点饿了，她掏出妈妈给她准备的小蛋糕准备吃时，想起老师可能也会饿，于是就把手中的小蛋糕放到了老师的手里，然后头也不回地跑了。

回到家后，瑶瑶把这件事情告诉妈妈时，妈妈赞许了瑶瑶的做法。再一次补习的时候，瑶瑶的妈妈为孩子准备了两块自己亲手烘焙的蛋糕，然后告诉瑶瑶："一块儿给老师，一块儿留给自己。但是这次送给老师的时候，不要丢下就跑了，而是要说'老师，您辛苦了。一定饿了吧，我们一起吃蛋糕吧'。"

就这样，瑶瑶带着两块蛋糕高高兴兴地去补习了，补习结束后就按妈妈教的把蛋糕分给了老师。从那以后，瑶瑶的妈妈每次都会花些心思为瑶瑶准备小糕点，然后让孩子带到学校跟老师一起吃。后来得知，老师也经常带一些小礼物给瑶瑶，并且真的越来越喜欢这个懂得感恩的孩子。

渐渐地，关于瑶瑶"头脑有问题"的传言没有了，取而代之的是"老师最喜欢的学生是瑶瑶"。同时改变的，还有瑶瑶的语文成绩，不但作文有了突飞猛进的进步，就连基础知识都有所提高了。瑶瑶的妈妈在和我提到这些时，总是掩饰不住对老师的感激。但其实，在这件事情中，起到决定性作用的，是瑶瑶自己和瑶瑶妈妈第一次对孩子说的话。

有时候，生活中遇到不顺，我们会不由自主地发出抱怨的声音，孩子学习不好，抱怨孩子笨，抱怨老师教得不好，甚至抱怨自己命不好，那么孩子跟我们学会的，也只有抱怨。抱怨，会让孩子对身边的一切心生不满，除了给孩子的人生蒙上一层灰色外，抱怨解决不了任何问题。

如果某些烦恼与困难已经产生，与其抱怨，不如引导孩子多看积极的一面，这样，孩子就知道如何乐观地去看待问题。孩子的心态将决定她成长的方向。

养成计划 **30**

不羡慕别人，发现自身优势

每个孩子都是具有可塑性的，

每个孩子也都具有巨大的潜能，

只要能够挖掘出潜藏在孩子体内的能力，

让他乐观地面对自己，

那么即使是丑小鸭，

最后也能变成白天鹅。

我们要相信孩子，

给予他积极的鼓励，

激励他对生活保持乐观，

不断进取，

与其羡慕他人，

不如通过自己的努力心想事成。

羡慕他人，并不能让自己更优秀

在天气良好的情况下，我比较喜欢低碳出行，经常骑着电动车去接凡凡上下学。起初，她对此并没有表现出异样。后来不知道从什么时候起，只要我骑电动车去接她，她就会表现出一丝不满，总是问我："妈妈怎么又骑电动车来呀？"

我以为她比较喜欢坐汽车，但是开车去接她后，她依然不是很满意。有一天，她坐在自家的车上说："妈妈，我可羡慕乐乐了，她家的汽车特别漂亮，她家的房子也大。今天她又拿了一个新的笔袋来学校，上面的爱莎公主还会眨眼睛呢！你也给我买一个好不好？"

凡凡所说的乐乐是她们学校里家庭条件最好的学生，每天上下学都是大奔接送，而且还是她家的保姆开的。不管是穿的还是用的，总是最新款的，时常引起学校里孩子们的羡慕与向往。只是这个乐乐的父母却从来没有见过，可能是工作太忙了，每次开家长会，乐乐的座位上不是她家的保姆，就是爷爷或奶奶。

孩子有向往美好的心理很正常，但是却没有必要去羡慕别人。然后，我用了凡凡最喜欢的方式——讲故事，给她说明了这个道理。

蜗牛和青蛙是住在河边的一对邻居，但是蜗牛却十分讨厌青蛙，总是处处为难青蛙。一天，青蛙终于忍无可忍了，便问蜗牛："蜗牛先生，我并没有得罪过你，可你为什么总是与我过不去呢？"

蜗牛说："你是没有得罪过我，但是只要看到你那能够活蹦乱跳的四条腿和我这背上重重的壳，我就气愤不已。"

"蜗牛先生，你只看到了四条腿给我带来的好处，却没有看到我没有壳的悲哀。"青蛙无奈地说道。

话音刚落，一只老鹰飞来，蜗牛立刻将身体缩进了自己的壳里，而青蛙却因为没来得及跳进水里，而被老鹰捉走了。

"这个蜗牛也太傻了吧！它羡慕青蛙，自己也不能长出四条腿呀。再说了，青蛙还没有壳呢！"凡凡听完故事后，立刻发表了自己的看法。

我也立刻响应道："你说得对，羡慕别人，并不能使自己变得更好。相反，还会让自己陷于羡慕别人所带来的痛苦中。你想啊，总是用自己没有的东西去羡慕别人拥有的东西，那能不痛苦吗？而且还会忽略了自己拥有的东西。"

听到这里，凡凡露出一副恍然大悟的样子，用手指指着我说："妈妈，你是想用这个故事来告诉我，不要羡慕别人，是不是？"

没想到，我的小伎俩没有逃过女儿的眼睛。

"不过呢，你这个故事，确实让我明白了，羡慕别人也没有用。而且也让我发现了自己有而别人没有的东西。比如：乐乐虽然每天有大汽车坐，有保姆照顾她，还总是有漂亮的新衣服和文具，但是她的爸爸妈妈却不能陪在她身边。有一次，乐乐跟我说，她都有半年多没有见过爸爸妈妈了！那个时候，我还觉得她很可怜呢！"

"也说不定，在乐乐的眼中，你是比她幸福的那个人。"

"怪不得乐乐总是想来咱们家玩儿呢！看来她是想过我的生活呀！"凡凡的心情立刻明朗了起来。

其实，每个人都有自己的优点，同时也有着自己的缺点。就像乌龟和兔子，在短跑比赛中，兔子可以战胜乌龟，但如果是长达几十年的长跑比赛，恐怕兔子就不是乌龟的对手了。

父母还要注意的是：即使你的孩子长相一般，身材一般，你们也要鼓励他接纳自身，懂得爱惜自己。因为每一个孩子都会有很多不完美之处，但每个人在性格或外貌方面，都有其独特的气质和优点。懂得发现自己的长处，规避自己的短处，扬长避短，才能让自己更有吸引力。

帮孩子发现她的优势

人们在评价某件事物的时候，总会寻找一定的标准，认为这样的结果才是公平的。但是对于孩子而言，用一定的标准去评价她们，却是不公平的。

为了鼓励学生们表现自己，凡凡的班主任曾举办过一次班干部竞选，就是要求每一个同学都站上讲台，为竞选班干部做一番演讲，然后匿名投票。这个时候，每个学生都会极力将自己的优势展现出来。凡凡因为个子高，所以演讲时的出场顺序比较靠后，这也让她从别人的身上看到了太多自己的不足。起初她以为会弹钢琴可以成为自己的优势，但是没想到，有的同学小小年纪，钢琴就已经达到了十级，而她自己一直处于弹着玩儿的状态。接着她认为自己的绘画水平也不错，但是有的同学却已经会画油画了，而她还在素描的阶段。后来她觉得自己跳舞也可以，毕竟在一些节日里，她也登台演出过，但是后来又发现，有的同学都已经上过电视了。

那天放学回家后，凡凡的情绪很是低落，她问我："妈妈，我怎么一点特长都没有？"

其实，这个问题我也曾想过，为什么我的女儿各方面看起来都平平呢？似乎没有一点是突出的。直到在一次家长会上，老师对我说："凡凡人缘特别好。"

"人缘好？"我对这个优点很不能理解，对于一个孩子来说，人缘好也能算优点吗？对于一个学生来说，多才多艺，学习成绩优异不是才能算作优点吗？

老师见我一头雾水的样子，耐心地和我说起了凡凡在学校中的一些表现。在六一儿童节的演出中，当别的孩子只顾着自己的妆容够不够好看、自己的衣服够不够合身时，只有凡凡站在一群孩子中间，像个小保姆一般，不是给那个系鞋带，就是给这个整理头饰。同学之间爱起外号，其他孩子被起了外号，总是立刻反击，或是快快不乐，但是凡凡对于同学们给她起的外号，总是欣然接受，好像那不是一个外号，而是一个昵称……老师零零碎碎地跟我说了许多。

让我看到一个不一样的凡凡，还是在一次郊游活动中。那一次，几家人包了一个中型的大巴车前往郊外。一路上，别人家的孩子有的吹口琴，有的唱歌，还有的跳舞，总之把气氛搞得很欢快，而凡凡始终坐在最后的位置，每次别人表演完，她都报以热烈的掌声。

谁料，大巴车开着开着抛锚了，一车人的热情也冷却了下来，每个人都苦着一张脸。只有凡凡还是笑嘻嘻的，她一会儿给大家讲一个笑话，一会儿讲一个笑话，把大家逗得哈哈直笑。我从来不知道，在凡凡的肚子里，装着这么多笑话。

顿时，我理解了老师所说的"人缘好"了。作为家长，我们难免以外部世界的标准去评价孩子，但是孩子不是物品，从出生那天她的人生就注定了没有标准答案。如果我们用所谓的标准去衡量孩子，那么只会磨灭孩子最闪亮的一面。

我将老师的话和自己的体会告诉了凡凡，听到这个答案时，她感到很意外，同样也没想到"人缘好"也算是优势。后来，在那次评选中，凡凡的票数竟然是最高的，这是连她自己都没有想到的结果。

每个孩子都有自己的长处，也许这个长处并不是学校里所需要的，也不一定是老师所看重的或者是受社会所追捧的。但是每种长处都有着它独特的价值，我们需要做的，不是将孩子按照"标准"改造成优秀的孩子，而是发现孩子的长处，让孩子成为独一无二的自己。

死亡教育：明白生命的真意

生活中虽然有许多挫折和坎坷，

但生命的本质是光明的、积极向上的，

无论遇到什么困难，

人都要坚强地活着。

所谓生命教育，

就是让孩子懂得尊重和珍惜生命的价值，

热爱每个人的生命，

并将个人的生命融入社会之中，

从而树立乐观、积极、正确的生命观。

恐惧死亡，是因为不够了解

一直以来，我们的教育都是围绕着如何让自己的孩子学习好、考入一流大学、以后找到理想工作、出人头地等等，"生命教育"几乎成

第5章　成长中的阳光心态与正面思维

为教育的盲点。正因为如此，许多孩子不懂得生命的价值，动不动就将"死"字挂在嘴边："你们再管我，我就死给你们看""你们都不爱我，我干脆死了算了"……人最宝贵的就是生命，健康也是一个人最大的财富。如果生命都没有了，又谈何教育、成功、成才呢？

可悲的是，谈及"死亡"我们总是报以回避的态度，尤其是对于孩子，认为这是一个"晦气"的词语。记得小时候，我若是说一句"累死我了"，我的祖母都会立刻板起脸来教育我："小小孩子，什么死不死的。"所以，当我太奶奶去世时，全家人都去了殡仪馆做告别，而我却必须待在家里，因为大家都认为那里太晦气，不适合小孩子前往。以至于到现在，我都将没能见到太奶奶最后一面，作为自己人生最遗憾的事情之一。

在这一点上，西方国家很早就有了"死亡教育"这么一说。从上幼儿园开始，他们就会举行一些"死亡体验"活动。有时是在殡仪馆中，有时仅仅是为一只小动物开个追悼会。这些所谓死亡教育，就是让活着的人懂得尊重和珍惜生命的价值，并热爱自己的生命。因此，在凡凡出生后，有一次，我和凡凡一起玩"战争"游戏，我们各自在家中占领一块"根据地"，然后用玩具枪开始对打，打着打着，我忽然计上心来，假装自己"中弹身亡"，捂着胸口倒在了地上。凡凡一看"打倒"了我，手舞足蹈地喊着："我胜利啦！我胜利啦！"喊了几句后，她发现我还是躺在那里不动，有些慌了，连着叫了好几声："妈妈！妈妈！"

我照旧躺在地上不动，一会儿就听见凡凡"哒哒哒"地跑向了我，她就像平时叫我起床那样，推推我的身体，我没有反映，又拍拍我的脸，我强忍住不去睁眼。接着，她学着电视里的样子，将小手放在我的鼻子下面，试探了很久，然后"哇"的一声大哭了起来："妈妈，你不要死！妈妈，你不要死！"

我觉得"戏"也演得差不多了，才慢慢地睁开双眼，冲着哭得一把鼻涕一把泪的凡凡眨了眨眼睛，然后问她："怎么样？妈妈演得像吗？"凡凡一看我没有死，立刻扑到我的怀里，紧紧地抱住我的脖子，湿乎乎的脸蛋在我脸上蹭来蹭去。过了很久，才说出一句完整的话来："妈妈，求求你别死了。凡凡爱你，凡凡害怕，凡凡不想离开你。"原本只是一个游戏，我也只是好奇孩子面对"死亡"时的态度，所以便"演"了这样一出，却没有想到孩子如此当真，哭得让我也险些掉下眼泪来。

　　从那以后很长一段时间里，凡凡经常会问起我关于"死"的问题，她会将身边的每个人都问一遍，问他们会不会死，一旦得到我肯定的答复，她就会十分难过，眼泪就在眼睛里面打转转。我忽然觉得自己在"死亡"这件事情的教育上，有些用力过猛了。孩子不但没有体会到生命的含义，反而被"死亡"给吓到了。

　　究其原因，很大一部分是由于我们没有很好地对孩子们进行"生命教育"，尤其是对敏感的孩子来说更是如此。在孩子眼中，世界是美好的，父母和老师都应该永远对自己好，生离死别都只是童话里的故事。但当他们面临学业加重、人际关系复杂、青春期到来等难题时，就会渐渐明白：世上有残酷的竞争，有令人烦恼的人际关系，还会有真正的生离死别……世界并没有他们想象的那么美好。

死亡，教会我们更加珍惜生命

　　早在凡凡两岁多时，我就通过讲故事的方式，让孩子了解过"死亡"。其中有两本书给我留下深刻的印象。一本是丹麦作家所做的绘本故事《爷爷变成了幽灵》，书中讲了因为突发心脏病离开的爷爷，因为舍不得自己的小孙子，便变成了幽灵。每天晚上，幽灵爷爷都会来到小孙子的房间里，与他一起玩耍，小孙子很开心，但是爷爷却很难过，他说自己忘了一件事情，想了很久，爷爷终于想起来，自己忘了和小孙子说再见了。当"再见"说出后，他们都哭了。

另一本是《我最亲爱的爷爷》，相比较之下，《我最亲爱的爷爷》则告诉我们，面对死亡，我们应该怎么做。《我最亲爱的爷爷》讲了小熊的爷爷很老很老了，老得只能坐在轮椅上。有一天，爷爷告诉小熊，他们还有一天相处的时间，然后爷爷就要到很远很远的地方去了，并且不再回来。而当下，他们能做的，就是珍惜在一起的每一分每一秒。在这一整天里，他们给小花浇了水，小熊给爷爷骑了自行车，他们一起吃了午饭，一起到果园里摘了苹果。每做一件事情，他们都会回忆起曾经的美好。时间一点一点过去，最后他们一起坐在夕阳下看日落。在最后一分钟的时候，他们拥抱了彼此。在最后一秒钟时，小熊亲吻了自己最爱的爷爷。

第一个故事能够告诉孩子，生命是有始有终的，就如同花开花谢一般。第二个故事则能够告诉孩子，在面对有限的生命时，应该怎样去做。记得在给凡凡讲第二个故事时，我自己讲得泪流满面，因为我想到了自己去世的祖父。在我二十九岁时，我最爱的祖父去世了。那天，一路上我紧赶慢赶也没有见到祖父最后一面，再见到时，已经遗体告别仪式了，隔着厚厚的水晶棺。我第一次体会到失去的痛苦，开始后悔自己没有珍惜祖父生前和他相处的时光。悲伤过后，我开始变得更加珍惜时间、珍惜生命和珍惜身边的每一个人。

当我真正开始珍惜时间、珍惜生命后，我才发现自己以前喊的不过都是一些空口号，从未真正实现过，原来自己曾经浪费了那么多的美好时光，如果自己从十几岁的时候就明白这个道理，现在是不是又是另一番光景呢？怪不得白岩松曾说："中国讨论死亡的时候简直就是小学生，因为中国从来没有真正的死亡教育。"

每个人在明白生命的意义时，大多都是经过了一场死亡的洗礼，真真切切地痛苦过，才能够从中得到成长。但人生就那么短短几十年，虽然到了任何时候我们懂得珍惜生命都不算晚，但不是越早开始越好吗？其实，我们经历的很多事情，都可以用来做教育孩子的素材。

之前，凡凡买的一只小鸡豆芽不知什么原因死了。以往都是凡凡负责照顾小鸡，所以面对豆芽的死亡，凡凡是最难过的一个人，哭成了一个小泪人。待她情绪平复下来时，我拿出了手机，里面有很多豆芽的照片，然后带着凡凡一起翻看那些照片。豆芽刚到我家时，怯生生的，总是躲在盒子的角落里。是凡凡拿着小米粒，耐心地一点点地喂给豆芽吃。每天早晨凡凡起床的第一件事情，就是为豆芽清理粪便；晚上大家出去遛小狗，只有凡凡带着一只小黄鸡……

我们一边翻看照片，一边回忆着，凡凡的脸上时而露出微笑，时候露出难过。末了，我对凡凡说："宝贝，豆芽在我们家的这段日子里，它被你照顾得很好，它过得很开心，同时它也给你带来了很多快乐。现在它离开我们了，妈妈也很难过，但是我们也应该感谢它曾经出现在我们的生活中，让我们有一段难忘的回忆。"

凡凡听着，使劲地点着头。当天，凡凡用自己的画笔，画了一只她记忆中的豆芽，旁边还有笑嘻嘻的她，她们像好朋友一样，牵着手站在草地上。我将这幅画挂在了凡凡房间里最醒目的地方，希望她每当看到这幅画的时候，不单单想到自己的小伙伴，还能够想到生命的短暂，以及自己在有限的时间里，应该做更多有意义的事情。

一个孩子，也只有在探索和感悟到生命历程的不凡意义，才会跳出狭隘的小我，能够更多地关注他人，关注社会，关注人与自然的互动关系。如此，他才会在行动之前有所思考，在思考过后，积极行动，不为自我的内在个人喜好而犹豫、徘徊。

！ 谨记那些破坏自信力的禁语！

"又跟我撒谎！你就是个不诚实孩子！"

由于各种原因，孩子有时会跟我们说谎。不少父母面对孩子说谎时，往往都是大声斥责、严厉批评，很少能心平气和地问问他说谎的原因。其实很多时候，他说谎的原因可能都在父母身上，比如无意中模仿了大人的不诚实之词，或出于自我保护的本能，或为了迎合家长过高的期望，满足某种虚荣心，等等。

当发现孩子说谎时，父母要先弄清他说谎的原因，然后再寻找恰当的解决办法，并且要告诉他："说谎的人会失去别人的信任。"以此来增强孩子的自律意识，让孩子自觉地改掉说谎的坏习惯。

"再听见你骂人，看我不揍你！"

平时温顺、听话的孩子张口就骂人，这的确是一件让父母恼火的事，这种行为也确实会促使我们想打他。但是，如果我们真的打了他，反而就中了他的"计策"——孩子达到了他们的报复目的。他会在内心里说：你虽然把我打疼了，但你生气了，我感到很满足！

但要让他改掉这个毛病，打骂是不行的，反而还可能助长他的"气焰"，让他觉得这是件很刺激的事儿。所以，要让你的孩子变得温顺、文雅，最好的办法不是责骂他，而是引导他，让他知道自己骂人是一种错误的行为，是不受欢迎的。这样比你直接斥责他更有效。

第6章

好品格是走向
自我肯定的开始

自　信　力

养成计划 32
孝顺：一份由内而发的爱意

"孝为德之本，百善孝为先"。

孝顺，

在中国的家庭中，

是永恒不变的话题，

是考验一个人道德水准的基本要求，

也是一个孩子学会爱人的第一步。

孩子只有在家里懂得孝顺父母，

才会在学校及社会中，

更懂得关心他人，

拥有良好的人际关系。

孝顺是爱的自然流露

与其让孩子接受形式上的"孝顺教育"，不如在生活点滴中，表现出对自己父母的爱，真情实意的爱被孩子感受到，才会自动转化为孝顺的源泉。另外，中国有句古话为"母慈，子孝"，意为充满慈爱的母亲才能培养出孝顺的孩子，只要我们用正确的方式去爱孩子，自然也会收获孩子的爱。

我们需要的是教会孩子如何真心地去爱一个人，包括自己的父母，或者是她的丈夫，或者是她的孩子。而这种爱是强迫不来的，是任何力量都无法扭曲的。

教会孩子孝顺长辈，并不是一句两句大道理就能够培养出来的，也不是一朝一夕或只通过一两件事就能养成的，需要靠日常生活的一点一滴的积累，要在众多的生活小事和细节中吸收"营养"，这样才能在孩子的心中生根、发芽。

比如，吃饭时，让孩子帮我们盛饭，吃完帮父母收拾一下碗筷；下班回家时，让孩子为我们递一下拖鞋、倒上一杯水；当我们身体不舒服时，让孩子帮我们拿药，等等。让孩子从这些生活小事入手，她的孝心也会逐渐培养出来。

另外，孩子小时候是十分善于模仿的，他的一言一行都喜欢参照大人。因此，父母平时对老人的尊重、关爱之举，往往都能促使观察力敏锐、情感丰富的小孩子跟着学习，从而逐渐养成孝敬长辈的美德。

曾经有一个广告镜头给为我留下了很深的印象，一个年轻的妈妈给自己年迈的母亲端了一盆洗脚水，然后为母亲洗脚的情形被孩子看到了，孩子也效仿妈妈的行为，给自己的妈妈端了一盆洗脚水。孩子之所以会给妈妈洗脚，是因为他看到了自己的妈妈爱奶奶的行为，所以他也学会了。

要培养出一个孝顺的孩子，与其对他说自己是如何一把屎一把尿把他养大，或者对他说养大他的过程是多么不容易，然后要求他在以后一定要孝顺自己，不如用实际行动教会他爱，用心地去爱他，用心地去爱我们自己的爸爸妈妈。如果我们自己是以身作则这样去做，我们的孩子也会同样感受到父母这份由内心真诚发出的对于长辈的爱，那么孩子自然也会用同样的爱回报我们。

而这样的孩子，不但在家里能够得到亲人的爱，离开家后，也有能力得到他人的爱和尊重。孝顺是好的品格，但不能停留在形式上，必须经由一个人的内心真诚感悟并且自然做到，这份对于长辈的爱，才是真正的孝顺。家长能够领悟到并且做到，孩子就自然能领悟并且做到，正所谓言传不如身教，就是这个道理。

尽孝和得到孝顺的双方，正是在这样的互动中，互相推进亲密关系，互相做到情感上的表达与肯定。

养成计划 33

信任：让孩子自信更自律

从父母约束到自我约束，

中间只隔着一个"信任"。

给孩子充分的信任，

让他自主发展，

让他更快乐、健康、自由地成长，

这样才能形成自信心、自主意识，

还有自我良好的认识和肯定。

这些充满正能量的意识形态，

都是孩子自信乐观的基石。

相信孩子，他就能做到

在孩子小的时候，妈妈承担的角色就犹如"拐杖"作用，几乎承包了孩子的所有事情。但随着孩子一天天长大，我们就该渐渐弱化自己

第6章 好品格是走向自我肯定的开始

的"拐杖"作用，变限制为信任，给孩子更自由的成长空间，这样孩子才能逐渐从依赖变得独立，从需要父母监管变为自我管理。

凡凡从小就特别爱吃巧克力，为此我为她准备了一个铁罐子，专门放巧克力。但是为了防止凡凡产生蛀牙，我严格地规定她每天只能吃两颗，并且在晚上睡觉前两个小时绝对不能吃。但我很快发现，凡凡会在我监管不到的时候，偷吃巧克力。为了防止她偷吃，我将罐子放到了家中最高的冰箱上。但这也没能阻挡凡凡那颗"贪吃"的心，我不知道她用了什么样的方法，竟然能够够到比她几乎高了一倍还多的冰箱上的巧克力。并且为了不让我发现，她都会将罐子再小心翼翼地放回原处，但她却不知道，罐子里的巧克力数量我早已经悄悄记下了。

我一方面担心凡凡毫无节制地吃甜食会蛀牙，另一方面不想任由她这种"偷吃"的行为进行下去。于是我找了机会，对凡凡说："妈妈最近工作有点忙，有时候可能没时间帮你拿糖吃，所以妈妈准备让你一个人拿着吃。"

"是吗？"凡凡对这突如其来的好消息有些不敢相信。

"当然是真的。"我从冰箱上将糖罐拿下来，然后将里面的巧克力豆都倒了出来，当着凡凡的面数清楚有多少颗，然后对她说："一天吃一颗，正好吃到这个月底。到时候吃完了，妈妈会再买给你。"说完，我就将糖罐交到了凡凡的手中。

凡凡拿着糖罐，一时不知道放在哪。先是放在了茶几上，后来想了想，又放到了餐厅里，最后她问我，能不能放到她自己的房间里。我答应了她的请求，但心里也在犯嘀咕，放到她自己的房间后，她偷吃起来就更加方便了，会不会是个错误的决定。

接下来的几天，我一直想趁女儿上学的时间，偷偷到她房间里数一数巧克力豆有没有减少，但每一次推开凡凡的房门，我都会有深深的罪恶感。既然选择了让孩子自己保管，那么就应该充分地信任她，否则就成了试探孩子，那是对孩子的极大不尊重。

那个月最后一天来临时，我一下班就到超市买了一盒巧克力豆，然后内心忐忑地回到家，似乎有一个"宣判"在等着我一般。我一进家门，凡凡就跳到了我的面前，手里举着那个糖果罐，里面还有一个孤零零的巧克力豆。

凡凡一脸骄傲地问我："妈妈，你看我说到做到，还有一颗没吃。你给我买新的了吗？"

"买了买了。"我一边说，一边忙不迭地将巧克力豆掏了出来。

后来，我问凡凡，每天巧克力豆就放在她的床前，她有没有产生过多吃一颗的念头。凡凡告诉我说，那样的念头不止产生过一次，但是每一次小手第二次伸进糖果罐的时候，她就会感到羞愧，觉得自己辜负了我对她的信任。就这样，她一次又一次地管住了自己。可见，对孩子而言，妈妈的信任，就是对自己最大的尊重。

想让孩子做好某件事，首先就要相信孩子能够做到。在我们相信孩子能够做到的这个过程中，会激发出孩子自身的自尊感和责任感，就好比在一杯纯净水中，放入一勺糖，水自然会变甜一样。孩子为了回报妈妈的这份"信任"，他们会努力做到自律。如果偶尔有一次出现不自律的行为时，即便我们没有批评他们，他们自己也会受到良心的拷问。而当他们做到了，就会因此越来越自信，并且做得越来越好。

信人不疑，才能激发孩子的自律

我将凡凡"偷吃巧克力"这件事情的始末，讲给邻居丹丹妈妈听。

丹丹妈当下便称这是个好主意，因为丹丹每次写作业都费劲儿，每次都要她在旁边监督着，否则就会边写边玩儿，满篇错字。毫不夸张地说，有时候丹丹妈是一边吃着开胸顺气丸，一边盯着丹丹写作业。

所以，在听我说了这件事情后，她也决定用这个办法来改变丹丹。然而没过多久，丹丹妈妈就愁眉苦脸地对我说："这种方法只适用于自制能力强的孩子，对于丹丹这种毫无自制力的孩子来说，根本起不到作用。"

细问之下，我才知道，丹丹妈妈表面上做到了信任孩子，但是内心却是极大的不信任。她效仿我对凡凡的方法，回到家后跟孩子进行了一次长谈，表示以后不会再监督丹丹写作业，作业写完与否，写得对与错她都不再过问了，以后丹丹的时间交给她自己去支配。

孩子听到这个消息后如释重负一般，但是妈妈的心却一刻也未曾放松，虽然不再监视着孩子写作业了，但是眼睛却总是忍不住"锁定"在孩子身上。若是孩子一放学回来就看电视，她心里就会很着急，直到孩子关掉电视去写作业，她才能松一口气。她害怕孩子撒谎，便偷偷打电话给老师，向老师询问每天都留些什么作业，然后趁着孩子睡着后，悄悄检查孩子有没有将作业全部做完，看到孩子全部做完，她就会松一口气，有时候看到孩子写作业偷工减料，她的气就会不打一处来，恨不得把已经睡着的孩子揪起来打一顿。但是为了不让孩子发现自己偷看，只能忍着，心中的火气也越来越大。

有一天，丹丹写了一会儿作业，就说写完了，然后就出去玩了。但是她打电话一问老师，发现丹丹根本没写完。多日里积压的怒火一下子就爆发了，她一直坐在门口等着，等丹丹一进门，她一把将作业本扔在了丹丹的脸上，并揭穿了丹丹的谎言。

丹丹倒是坦然，承认了自己作业确实没写完，但那是为了早点出去玩儿，并且打算晚上回来将没写完的作业补上。丹丹妈一听更生气了，又批评了丹丹几句。丹丹不但没有认错，反而脾气更大了，指责妈妈说话不算数，明明交给她自主权，但却不信任她。

孩子的话让丹丹妈无言以对。孩子说出了问题的根本所在，既想激发孩子的自制力和责任感，又不能对孩子完全信任，这样势必会导致孩子对家长的说法和做法产生怀疑，同时也让孩子感受到没有被尊重的耻辱。被尊重是人的天性，而不信任是不尊重的典型表现。妈妈的信任能够让孩子相信自己可以做到，并在行为上约束自己。相反，妈妈的不信任，会让孩子怀疑自己的能力，认为自己做不到，并且放松对自己的要求。

"人之初，性本善"这句被传颂了上千年的至理名言，不是毫无道理的，每个孩子的天性都是好的，自尊是她们与生俱来的特质。一个不信守自己的诺言，不在乎尊严的孩子，势必在成长过程中，有过不被家长信任，处处被提防的经历。

一个从小就没有机会掌控自己的孩子，很难学会自我控制。所以，我们不要再做孩子的监督者和控制者了，将这些权利交还给孩子，并给予孩子充分的信任。也正是因为有了这样的信任，孩子才会有真正意义上的自律。那么，自信源于我们对他的信任，而信任也恰好支撑起他的自我约束和自律。

养成计划 34
自尊自爱的孩子，才能自立自强

孩子懂得爱自己，

才会在无数个选择面前，

坚定地选择走最正确的路，

就算偶有走偏，

也能够及时更改。

孩子懂得爱自己，

才能真正做到自尊自重自立自强，

才能够成为一个乐观积极的人，

拥有健康的生活和美好的灵魂。

妈妈的重视，是自爱的源泉

凡凡上四年级的时候，身体有了发育的迹象，一些女性特征开始凸显，比如微微隆起的小乳房。一天，凡凡跟着几个小朋友在小区的小花园里玩耍，因为天气热，就穿着一件清凉的半袖衫。那件半袖衫的领子有些大，有时候低头弯腰，就能够看到白白的大肚皮。

不知道什么原因，一直坐在一边的几位妈妈们，谈论起正在玩耍的女孩子们，话题似乎是围绕着孩子们的发育展开的。一个妈妈招着手让凡凡她们走过去，然后一个一个地拉开领子看，一边看，还一边讨论着。到了凡凡时，凡凡有些不太情愿，捂住领口问："阿姨，你们看什么呢？"

其中一个回答："阿姨看看你们长小味味没有？"

凡凡一听，更加抵触了，拉着几个玩儿得较好的女孩子说："我们走吧，我妈妈说，不能随便让别人看背心内裤遮住的地方。"

之前那个和凡凡对话的女人立刻笑了起来说："你这个小丫头，警觉性还挺高。我们都是女的，怕什么！"

凡凡有些为难了，她觉得阿姨们的话也不无道理，但是本能的反映又告诉她，随便让别人看自己的身体会让她感到不舒服。最后，凡凡还是义正词严地拒绝了，她说："我妈妈说了，我们的身体最宝贵了，我们要爱惜它。"

我相信那几个妇女并没有恶意，她们仅仅是对现在小女孩的身体发育感到好奇而已，但是这种行为却侵犯了孩子们的隐私，让孩子产生不被尊重的感受。每个孩子都是从她成长中的一件件小事认识自我、养成行为习惯的，父母的点滴言行，都在潜移默化地影响着她，培养着她。

我有一个表姐，是那种长得非常漂亮的，在人群中可以熠熠发光的漂亮。上大学的时候，就有人开着豪车约她吃饭，甚至提出只要她愿意，房子车子都可以买给她。这些，都被表姐当成笑话讲给我们听，因为在她眼里，她绝对不是用车子和房子就可以置换的东西，她认为这是对方在用金钱羞辱她的人格。

　　这种价值观，跟她小时候发生的一件事不无关系。因为相貌出众，表姐身边总是围绕着许多追求者，表姐的母亲对此并没有过多的干预，只是告诉她，女孩子必须要自重，才能赢得男孩子的尊重。一次，天已经很晚了，几个同学约表姐出去玩儿，这些同学中有男有女，表姐起初很痛快地答应了，可当她换好衣服准备出门的时候，表姐的母亲拦住了她说："出去玩儿可以，白天去。这么晚了还在街上玩儿的女孩，别人会怎么看你呢？别人只会认为你是一个很随便的女孩。一个好女孩，做任何事情都要有自己的底线。"

　　从那一次后，表姐明白了一个道理：做任何事情，都要有一定的底线。交男朋友可以，但是不能随意交出自己的身体；长大成人后，可以有婚前性行为，但那是两情相悦的不由自主，而不是为了荣华富贵的钱色交易……

　　我们让孩子知道她很好很重要，她才不会妄自菲薄，才不会觉得自己一无是处。我们只有让孩子知道她很优秀，值得拥有一切美好，她才不会自轻。也只有懂得爱自己的女孩，才会全力保护自己，不给别人伤害自己的机会。

勇敢的孩子更能面对逆境

在成长过程中，

孩子会遇到许多困难和麻烦。

在面对这些挫折时，

胆小懦弱只会让孩子想到逃避，

而勇敢却会让孩子从容地面对，

这勇敢的孩子，

长大后也更容易拥有坚定的信念，

面对顺境能够勇往直前，

面对逆境也能迎风破浪。

拥有勇敢的精神，

他就可以排除种种困难，

获得成功。

第6章 好品格是走向自我肯定的开始

孩子不是吓大的

朋友的女儿已经十三岁了，却仍然每天跟妈妈挤在一张床上睡觉，而爸爸每天只能挤在小床上睡觉。如果一定要她自己睡，那么就绝对不能关灯，并且爸爸得睡在客厅的沙发上，为她"守门"。每次朋友与我说到这件事的时候，都是满脸的无奈，但最终总是一句话作为总结："女孩子，就是胆小。"

曾经的我，也是这样认为。直到有一次，九十多岁的祖母提到我的年幼时光，说到我三岁的时候，逮到了一只壁虎，然后竟然学着医生的样子，用小刀给壁虎开膛破肚，然后还拿着从壁虎肚子里取出的"蛋"向祖母炫耀，说自己在壁虎的肚子里找到了"宝藏"。这段"历史"令我瞠目结舌，我简直不敢相信自己曾经也有如此胆大包天的时刻。

因为在我的记忆中，能够回忆起来的片段，都是自己被说"胆小"的时刻，比如：上课不敢回答问题；老师点名让上讲台做游戏，却扭捏着不敢上去；见到熟人，却死活不肯打招呼；都上小学了，仍旧不敢单独睡在一个房间，一定要亮着灯才能睡着；明明自己喜欢唱歌跳舞，但是从来不敢站上学校文艺汇演的舞台……

为什么曾经胆大，却越长大越胆小了呢？很多时候都是被大人给吓得。

当我们试图说明自己胆子并不小时，会与别人开玩笑说："你当我是吓大的吗？"但是毫不夸张地说，我真是被吓大的。还记得小时候，父亲经常上夜班，每次母亲带着我走夜路时，为了避免我稚嫩的童音引起坏人的注意，都会吓唬我说："别说话，那边的大坑里埋着死人。"

年幼的我望着不远处黑乎乎的地方，立刻吓得闭住了嘴，生怕里面会跳出电视里面那样的僵尸。事实上，在我看不见的黑暗里，只是杂草丛生而已，但是那种恐惧却早已深入骨髓，伴随着我的成长，导致我一直很怕黑，以至于都上了大学，有一次同寝室的同学站在黑暗处忽然跳出来"嘿"的一声，我几乎被吓得掉了半个魂，当场与同学翻脸。

同学似乎也没有料到我会真的被吓到，因为在她的认知里，这并没有什么可怕的，于是我被那个同学整整嘲笑了一个学期。而我被母亲"吓唬"的地方，并不仅仅局限于此。比如：打了个喷嚏，就会听到"哎呀，感冒了，赶紧穿衣服，要不就得去打针了。"

从高处往下跳时，就会听到"别跳别跳，小心把头摔个大窟窿。"

晚上贪玩不睡觉的时候，就会听到"再不睡觉，外面的老讨吃就进来把你抓走了。"

不听话时，就会听到"再不听话，警察叔叔把你关起来。"或者"再不听话，让医生给你打针。"

……

诸如此类。于是我害怕的东西越来越多，胆子也越来越小，理所当然地被我母亲扣上了"胆小"的"帽子"。当我见到陌生人不敢打招呼时，当我老师反映我上课不敢举手发言时，当我不敢一个人睡觉时，得到的评价永远都是"这孩子就是胆小"。在这样的语言暗示下，我也理所应当地认为，我就是一个胆小的人。

胆小是孩子的弱点，却成了家长的"武器"，家长的本意是，利用孩子的天真和胆小，让孩子变得听话顺从，却没有意识到，这是一个得不偿失的愚蠢行为，孩子能否真的因此变得听话懂事暂且不论，但是性格却会变得越来越胆小羞怯。而当孩子越来越胆小时，再不断地给孩子心理暗示，让孩子认为自己本就是一个胆小的人，于是乎，孩子就真的成了一个胆小的人。

不要逼着孩子勇敢

对于孩子而言，他们天生就会惧怕一些事物，比如：一岁内的孩子会害怕听到巨大的声响，害怕见到陌生人，害怕生活的环境突然改变；两三岁的孩子会害怕黑暗，害怕与父母亲分离……八九岁的时候害怕身体伤害、学习问题等等。这些恐惧，只是他们在成长过程中所表现出来的特点，会随着成长而消失。作为母亲，我们应该了解孩子胆小的心理特点，然后帮孩子克服恐惧心理。但是帮孩子克服，并不是逼着孩子与害怕的事物相接触。

我曾在海边看到这样一幕：一对年轻的父母，带着三岁左右的小女孩在海边玩儿，可能是第一次接触大海，孩子显得很抵触，一直待在岸边玩沙子。孩子的妈妈几次鼓励孩子去海里玩儿，但是孩子刚一被海水没过脚面，就会害怕地往后退，即便是妈妈抱着她，她也不愿意进到海水里。后来妈妈失去了耐心，她抱起孩子，不顾孩子的反抗与哭闹，往大海里走去，然后强行将孩子从怀里拽出，用手搂着孩子的腰，逼着孩子用手去触碰海水，结果换来的只是孩子更加恐惧。

看着那个场景，我想起了凡凡两岁多的时候，我带她到公园玩儿。本来我们二人牵着手走得好好的，但是到了一条细细的水渠前时，凡凡却说什么也不敢走过去了，张开双手非要我抱她过去。我先是鼓励她自己迈过去，但是她却说什么也不肯。于是，我将她留在原地，对她说："你看妈妈怎么过。"说完，将腿抬得高高的，步子迈得大大的，然后轻而易举地跨过了小水渠。我夸张的动作，令凡凡放松了下来。我又将动作重演了一遍，站到了她身边，对她说："妈妈牵着你，我们一起迈过去好不好？"

凡凡犹豫地点了点头，她也学着我的样子，高高地迈起腿，轻轻松松地跨了过去，原来那条小小的沟渠并没有想象中那么可怕，自己完全有能力战胜，这让凡凡立刻雀跃了起来，她连蹦带跳地为自己鼓着掌，过后不再需要我牵着，自己又重新走了好几遍。

　　在凡凡的成长过程中，她不止一次地出现过胆小的时候，但是我从未逼过她必须要面对，实在面对不了的问题，我们可以留给时间来解决。两岁时不敢坐的大滑梯，到了三岁时，可能就敢了；在数学课上不敢回答问题，也许在语文课上就敢了。

　　胆小的孩子并不是不聪明，只是因为胆怯、畏首畏尾，害怕失败和受人耻笑，而不能放开自己，所以才不敢去尝试各种新鲜事物。女孩子可以柔弱，但不能怯懦。一个柔弱的女孩子可能娇媚，让人怜爱，但一个怯懦的女孩就难以在社会上立足。因为这样的女孩通常都缺乏自信和勇气。虽然她们也渴望成功、渴望朋友，可她们总是沉浸在自己想象的困难中，不敢迈开前进的步伐。我们能够做的就是鼓励她，陪着她，千万不要利用她的胆小恐吓她。

养成计划 36

开朗的孩子不自卑

现代社会提倡自由、热情、奔放，

拥有乐观、开朗性格的孩子，

不仅自己会感到快乐，

也能让身边的人感到快乐。

孤僻，是因为缺少沟通和陪伴

　　缺少陪伴和交流，是形成孩子性格孤僻的主要原因。离异的朋友红，为了能够给孩子更好的物质生活，将两岁的孩子送往老家的父母家照看。她原本以为自己坚持每天给孩子打电话、视频就可以了，只要坚持过一年，她就把孩子接回身边上幼儿园。但令她没有想到的是，当她半年后回到老家，孩子仿佛变了一个人。见到她时，只是呆呆地看着她，既不喊"妈妈"，也不要她抱。她与孩子说话，孩子只会往角落里躲。晚上躺在床上睡觉时，孩子说什么也不肯闭眼，她一遍又一遍地讲故事，直到夜里十二点多，孩子困得上下眼皮直打架。"你是不是怕一闭上眼睛，妈妈就不在了？"终于，孩子点点头，随即就进入睡眠之中。那一晚，红哭得不能自持。她没有想到，仅仅六个月的分离，就让她和孩子仿佛隔了一道"沟壑"。天亮后，她做出了一个决定，就算是再难，她也要将孩子带在身边。

《家庭成就孩子》一书中说到，"孩子一岁以前，母亲有三个行为是别人不能代替的：一是哺乳；二是依偎着孩子入睡；三是和孩子亲密地呀呀细语。这是母亲的责任。"

哺乳和陪睡，是生活必做之事，因此呀呀细语就被忽略掉了，一来大人认为孩子不会说话，与孩子交流无异于"对牛弹琴"，二来对于工作繁忙的妈妈而言，哺乳和陪睡已经占据了大部分时间，哪里还有时间陪着孩子呀呀细语呢？我们不与孩子交流，孩子就学不会交流，不会与人交流，便形成了孤僻的性格。

孤僻封闭的心态将会给孩子的成长带来一些心理问题，使孩子在成长过程中难以应付各种复杂的人际关系而变得自卑、羞怯，在一定程度上影响他的成长及形成强大的内心。

开朗的孩子，是陪出来的

我们总认为养育孩子"来日方长"，但算这个"来日"，也不过短短的几十年，再去掉读书在外的时间，其实真正和孩子相处的时间少之又少。我常听我的妈妈说我自己曾有段时间在外婆家过假期，由于时间太长没有看到妈妈，就每天问外婆：如果生病了，妈妈是否就可以来接我回家了？

　　凡凡大约九个多月的时候，因为可以独自玩儿很久，所以我便给她买了好些玩具，什么磨牙玩具、哗铃棒、布书、车床挂件等等，买回这些玩具目的就是开发孩子的智力和动手能力，并想以此吸引凡凡的注意力，让我可以轻松一些。

　　但慢慢地，我发现凡凡对玩具的兴趣一般保持在10分钟左右，再长一点，她就不愿意再玩了，除非我把她抱起来，或是陪她一起玩才行。有时我即使陪着她一起玩玩具，可过不了多长时间，她就会表现得"心不在焉"，一会儿，就会把眼睛转向我，然后爬到我身上要抱抱。

　　但是当我把她当"玩具"，和她一起嬉闹时，她则显然要高兴得多。甚至我只需要一个眼神、一个亲吻或者一个笑脸，她就会咯咯大笑起来，更不用说动她的痒痒肉或者和她玩"斗斗飞"等游戏了。

　　凡凡的表现让我意识到，也许她并不真正需要太多的玩具，而我才是她最好的"玩具"，即使有太多的玩具，她也需要我这样的"同伴"一起玩。如此小的宝宝就知道"粘"着妈妈玩，对于认知能力较高的一些的孩子，其内心对和妈妈一起玩耍的期盼则必然更加强烈。

　　心理学家指出，一天中与父母亲接触不少于两小时的孩子，比那些一周内接触不到六小时者智商要高。所以，如果我们少一些时间玩手机，多一些时间陪陪孩子。当然，玩耍也是一个能力，只要用心，日常生活中的一些行为，都能够成为一个有趣的游戏。

　　比如有时候我下班回家，会一边敲门一边对她说："大灰狼来了，小兔子开开门！"有大人的"引导"，孩子会很快"入戏"，跟大人演一段游戏！在闲暇之余，我也会利用家中的废弃物：一个大纸箱、一大块旧布、一个空塑料瓶等，都可以在亲子玩耍中创造出各种不可思议的神奇效果来。例如，纸箱变"投篮"、旧布变云彩和巫婆斗篷、塑料瓶变保龄球等等……当然，户外活动对孩子来说，也是不可缺少的。天气好的时候，我会带着凡凡到大自然中玩耍，让孩子接触到更多的花草树木，可以给孩子创造出更多玩耍学习的机会与空间。

陪孩子一起玩儿，你可能会觉得浪费时间，又消耗体力，但是这却是亲子良好沟通的催化剂，能给孩子的成长带来深远的影响。良好的亲子关系会让孩子特别开朗，开朗的孩子更自信！

养成计划 **37**
学会拒绝，维护自我

说起让孩子学会说"不"，
很多妈妈觉得不以为然，
尤其是面对自己的父母。
可是，在生活当中，
如果换成了其他的情况，
我们的孩子却未必敢坚决地说出"不"字来。

帮助别人可以，但不要委屈自己

从前的家庭孩子众多，所以家长们不会刻意教孩子们"分享"，因为客观条件不允许他们独占。现今的家庭，独生子女居多，为了不让孩子成为自私自利的人，从凡凡能够看懂绘本故事后，我就会给她讲一些"学会分享"的绘本，让她明白，自私的孩子不是好孩子。当我看到凡凡能够很大方地将自己的玩具拿给其他小朋友玩儿时，内心总是十分欣慰，认为自己的教育颇有成效，但是我却忽略了一个更加严重的问题。

那时凡凡上小学三年级，一次考试结束后，我被老师叫到了学校。一进办公室的门，就看见凡凡面朝着墙壁站着，看见我走进来，眼泪吧嗒吧嗒地落了下来，显然，在我来之前，她已经哭过一次了，脸上还残留着道道泪痕。一问原因，才知道是因为考试作弊，凡凡是纵容她人抄袭自己试卷的那一个，也因此，两个人的成绩都变成了零分。

回到家后，凡凡拿着零分的试卷，一边抽抽搭搭地哭着，一边告诉我，她原本很抗拒别人抄袭她的试卷，可是听到同学说她自私时，她内心动摇了，她不想成为一个自私的人。女儿的话让我忽然想起了发生在自己身上的一件事，很多朋友知道我会写文章后，经常会让我帮他们写文章，有时候是工作报告，有时候是参加公司的征文比赛，还有的时候竟是为自己的孩子写一篇作文……

第一次遇到这种请求时，我几乎很爽快地答应了，朋友的忙既然能帮，为什么不帮呢？那样自己岂不是显得太小气了。可是这样的事情次数一多，我就有些力不从心起来，毕竟我不是一个闲人，我要工作，要写文章，还要照顾一家老小，说实话，每天结束了自己的工作后，我都恨不得立刻躺在床上一动不动，更不要说那些让我付出了，却得不到一点回报的帮忙。但是我又不敢拒绝，我怕朋友会因此说我是一个自私的人，甚至因此与我产生嫌隙。有一次，我为了帮朋友写一篇工作报告，熬到了半夜三点多，第二天还要爬起来上班，因为严重缺觉，在工作中一直打不起精神。然而，当自己把工作报告交给朋友时，朋友只是发来一个"ok"的手势，连一句"谢谢"都没说。

如果再这样下去，那女儿的将来会不会也与我一样呢？为了不成为一个自私的人，委屈自己，成全别人？那一刻我才认识到，原来我一直教孩子做一个无私的人，却忽略了告诉孩子，无私可以，但是要有自己的界限，超过了这个界限，可以拒绝。

那什么是界限呢？这个词语凡凡很难理解。所谓的界限，就是自己的内心感受。当自己感到这个要求自己的能力达不到时，就可以选择拒绝；当自己为了完成别人的请求，而内心感到委屈时，就可以选择拒绝。无私，不是顺从，不是没有原则、没有态度地去成全别人。冯骥才曾说过，风可以吹走一张白纸，却无法吹走一只蝴蝶，因为生命的力量在于不顺从。否则，我们又与一张白纸有何区别呢？凡凡对我的话似懂非懂，但是她听懂了"不合理的要求，可以拒绝"。

告诉孩子，他可以做一个"自私"的人

拒绝别人是一件不太容易的事，尤其是对于小孩子来说，他们会担心拒绝别人后会惹别人生气，不理自己，或是害怕拒绝后得罪别人。有次无意间经过两个玩耍的小女孩身边，其中一个小女孩想要玩另一个小女孩的芭比娃娃，拿着娃娃的女孩说："不能给你玩儿，这是我妈妈新给我买的。"

"你要不给我玩儿，我就不跟你玩儿了。"那个小女孩说。

拿着娃娃的女孩犹豫了片刻，不舍地将手中的娃娃递到了那个小女孩手中，然而那个小女孩却不懂得爱护，拿着水壶往娃娃身上喷，不一会儿，娃娃就变得水淋淋了，然后又被放到了水泥地上，娃娃干净的衣服上瞬间沾染了许多泥沙。娃娃的主人很是难过，她几次想要制止，但是张了张嘴，却什么也没有说出来。

因为第一次惹恼了小伙伴，于是便不敢再拒绝第二次，为了不失去朋友，便委曲求全。然而，一直不拒绝别人，就能获得所有人的欢迎

吗？显然不是。

回想那些经常要我帮忙写东西的朋友，他们并没有因为我帮了他们忙，而对我格外尊重，也不会因为我为他们熬夜点灯而感到不妥，反而认为我的帮助是一种理所当然的付出，因为我从来没有拒绝过他们。所以，当一个朋友再次要求我帮忙写一篇企业内刊时，我拒绝了她，并不是因为"拒绝"而拒绝，而是因为当时凡凡生病，孩子更需要我在身边照顾。被我拒绝的朋友，起初只是有些失望，但是很快她也理解了我的做法，也并未因此与我疏远。

当我成了一个"自私"的人时，我才发现，只有自己足够"自私"，才能更好地照顾自己，才能有更多的精力和能力去照顾他人。我的改变，凡凡自然也能够感觉到。因为她的妈妈曾经连续加班多天后，面对朋友的逛街邀请，也不敢拒绝，哪怕回来后，连脱鞋的力气都没有了。而懂得拒绝后的妈妈，会很诚恳地对朋友说："不好意思，我这几天实在太忙了，不能陪你逛街了，等我有时间了，请你喝茶。"

渐渐地，凡凡也学会了拒绝。后来又有一次，凡凡的小姨从国外带了好吃的点心给她，凡凡带到学校，想要和自己最好的朋友分享，还没走进校园，就被另一个同学看见了，表示想要尝一尝，凡凡拒绝了，那个孩子也说了凡凡自私，但是凡凡这一次却没有改变初衷。事后，凡凡对我说了她的感想，原来当自己内心不愿意这样做时，选择做一个自私的人，是一件很快乐的事情。

一个不会拒绝别人的孩子，很容易被他人左右和利用，成为人云亦云、缺少主见的人，有时甚至还会给自己带来危险。因此，学会拒绝不仅是孩子自我保护必须迈出的第一步，也是将来建立正常人际关系所需掌握的一种处世技巧。

！ 谨记那些破坏自信力的禁语！

"教你多少次了？为什么还这么没有礼貌？"

在人际交往过程中，讲文明、懂礼貌的孩子处处都会受人欢迎。

但是，对孩子进行礼仪教育，并不是靠刻意的调教或培养，而是让他在一种良好的环境中得到熏陶，并在必要的时候给予恰当的指导，孩子自然就会成为一个有礼貌、懂礼仪的人。相反，如果我们以强迫、说教的方式，要求孩子必须做到这样或那样，反而容易引起他的反感。在对某件事反感的情况下，你又怎么能指望他学会、学好呢？

"妈妈给你买的文具都很贵，所以不要给别的同学用，要不用坏了我们还得花钱买！"

这样的话语，只会让你的孩子变得越来越自私，越来越不懂得分享。昂贵的文具，换来的却是孩子的自私，父母觉得这样做值得吗？

其实，一些孩子的自私特性并不是天生的，而是在父母一些不恰当的教育方式下形成的。现在的许多家长都是一边无原则地娇宠孩子，一边又感叹孩子不懂事、太自私，却没有意识到是自己的教育方法出了问题。说到底，正是我们缺乏正确的教育观念，才让孩子不懂得、也不会与人分享，只会以自私、霸道的方式与人相处。而自私的孩子也会成为同伴排斥的对象，很难融入到集体之中，进而产生自卑、嫉妒、破坏等不良心理和行为。

　　为避免孩子变成心胸狭窄、自私自利的人，我们应鼓励孩子多与别人分享。比如，你给他买了新文具，可以告诉他："你可以与你的同学交换一下文具，看看谁的文具更好用。"让孩子从小就学会与别人分享快乐、分享自己的喜悦。

第 **7** 章

内心强大
无畏人生"险恶"

自 信 力

养成计划 38
面对伤害时，绝不做"乖"孩子

虽然生活是非常美好的，

但美好之中也常常会潜藏着危险。

我们简单地认为，

孩子的世界就应该是纯洁的、干净的，

因而也有意地避免将生活中一些不良信息传递给孩子，

结果忽视了对孩子进行必要的自我保护教育。

然而这样做不仅不利于孩子身心的健康发展，

还容易降低自我保护的意识及能力。

再加上孩子天真、善良的天性，

更容易遭受外界的伤害。

培养孩子反抗的勇气

在凡凡大约两岁多的时候，我给她买一套绘本故事，其中有一个故事讲的就是女孩子在面对侵犯时，应该大声地喊道："住手，不许碰我。"并且还告诉了孩子，小背心和小内裤遮住的地方，绝对不能让外人触碰，一旦被触碰到，就要大声地制止，并立即跑开，回家告诉妈妈。

凡凡在四岁以前，经常由爸爸帮忙洗澡，但是四岁以后，爱人就适时地退出了这个角色，当凡凡再次要求与爸爸一起洗澡时，我会告诉她，她长大了，要明白男女有别，女孩和男孩不能在一起洗澡。除此之外，也不能一起上厕所，隐私的部位更不能给男孩看。

教会孩子如何保护自己的身体，还只是一方面。更重要的一方面，是教会孩子对权威说"不"。很多时候，作为家长我们不能容忍孩子挑战自己的权威，如果孩子作出坚持己见的事情时，多半会被我们呵斥，甚至是施以棍棒教育，并且我们自以为是地认为自己所说的所做的，都是在为孩子好，然后软硬兼施地要孩子放弃自己的主张，接受我们的意志。但其实，我们只是想到"我要孩子如何做"，却没有想过"孩子想要怎样做"。渐渐地，孩子就成了一个没有独立意识的人，一点点地变得软弱。

在凡凡的成长道路中，我们产生意见分歧的时候，比意见一致的时候要多得多。每次我因为她的倔强忍不住要发火的时候，都会劝自己先忍耐一下，不妨听听孩子怎么说。当我能够用心听完孩子的想法时，会发现原来孩子的"不听话"往往都有着自己的原因，尽管那些原因在我们看来微不足道，但是却会影响孩子们所作出的选择。有的时候，我会选择尊重凡凡的想法，有的时候，我会从孩子的角度出发，给她分析利弊，直到孩子明白为止。

上学后，我只会对凡凡说"要遵守学校的纪律"，却从未跟她说过"一定要听老师的话"，毕竟纪律是建立在客观事实之上，而老师作为个人，难免会有出错或是偏颇的时候，老师说得对的时候，则需要听，老师说得不对的时候，就可以不听。但这些都要以尊重老师为前提。

　　我们都希望自己的孩子听话、乖巧，但是我更希望，我的孩子是一个有自我意识的孩子，我希望她能够为了达到自己的目的与我据理力争，也希望她能够在自己利益受到伤害时，大声地说"不"。

允许犯错，错了才知对

人人都会犯错误，

孩子更是不可避免，

思想的简单、稚嫩，

使其在成长过程中更容易犯错。

有位哲人曾说：

"孩子是伴随着错误成长的。"

宁愿让孩子犯错，

也不要让他为自己的错误找借口，

逃避责任。

只有正视自己的错误，

下次才不会犯同样的错误。

不要剥夺孩子犯错的权力

有天下楼，看到一个一岁多的小孩，正使劲儿地想要挣脱妈妈的怀抱，迈上楼梯，但是她妈妈却正在用力往后拽着她，嘴里说着："干嘛非要上楼梯呀？会摔倒的。"因为妈妈认为会摔到，所以干预了孩子的尝试。

其实这是一个缩影。浓缩了那些知道孩子会出错，所以干脆就不让他开始的家长。

朋友家的女孩诗诗由奶奶带大，奶奶十分负责，为了防止孩子出现意外，在只有她一个人看孩子的时候，甚至连厕所都不敢上。孩子想要拿杯子，奶奶会说："宝贝别动，杯子打碎了会扎手。"孩子对饮水机好奇，奶奶会说："宝贝，别动，里面的热水会烫手。"孩子走路碰到台阶，奶奶会说："宝贝，别动，别绊倒了，等奶奶过去抱你。"

如今，诗诗快三岁了。走路碰到一个小台阶，也非要妈妈抱她过去，否则就会吓得哇哇大哭；从来不会像其他小孩儿一样奔跑，因为害怕会摔倒；喝水之前，必须让妈妈先尝一口，否则说什么也不肯喝。

作为小孩儿，其生理上和心理上都不够成熟，所以难免会犯一些大大小小的错误，可是很多妈妈却不允许孩子犯错误，并以自己的经验之谈去阻止孩子尝试。

孩子犯错并不是一件坏事。如果我们过度地剥夺孩子犯错的机会，也就剥夺了他们在错误中思索，从错误中学习的机会。不会犯错的孩子，或许在大人的眼中是一个好孩子，但是当她们遇到问题时，就会变成一个束手无策的人。相反，如果我们允许孩子出现错误，那么孩子就能够从错误中反省，并从错误中找到正确的做法。

一次，我带着凡凡外出购物。出门前，我拿出了一个新买的包背上了。凡凡看见了，十分喜欢，提出她想帮我拿着包。我看了看她，犹豫了一下，还是把刚刚买的手提包放到她手中。

走到超市门口时，凡凡一个不注意，包就从她手中脱落，掉到地上了，准确地说，掉到了超市门口还没处理好的一个工地水坑中。凡凡吓呆了，愣在那里，不知所措地望着我。

我稍微犹豫了下，弯腰捡起水中的手提包，告诉她："你看妈妈的手提包是防水的，只要用纸巾把泥点擦掉就可以了。"凡凡听了，表情不再那么紧张，她从自己的小口袋里取出一张面巾纸，仔细帮我擦拭手提包上的污渍。

后来我们再次经过那个水坑时，凡凡就会以"过来人"的口吻对我说："妈妈，小心点，别把东西掉进去，掉进去就弄脏了。"

人非圣贤，孰能无过？何况是还没有长大的孩子呢！她们所犯的那点所谓的错误，可能是经验不足，可能是能力不够，也可能是好心办了坏事，所以我们要提醒自己，要肯定她、接纳她造成的问题结果，然后再去给孩子改进的机会。

用正确的方式，指出孩子的错误

在允许孩子犯错的前提下，我们也不能对孩子的错误袖手旁观，因为有时候孩子可能并不知道自己错在了哪里，或者是知道错了，却不知道如何去改正。这时候，就需要妈妈指出孩子的错误，并加以正确地引导了。

首先，就是孩子犯错时，不要"翻旧帐"。我们总是希望自己说一次，孩子就能记住一辈子，但现实往往是我们说了一次又一次，而孩子只记住一阵子。于是，在孩子犯错时，我们会忍不住"新账旧账"一起算，类似于"跟你说过多少次了，别这样做，你怎么就记不住？""上次你就错了，这次又犯了同样的错误，你怎么不长脑子呢？"这样的话语，就会脱口而出。可结局往往是，我们越是这样强调，孩子这样犯错的次数就会更多，因为我们言语中灌输给孩子的思想就是"我在这个错误上已经改不过来了"，或者是"我没长脑子，下次我还是会犯同样的错误"。

其实，即使孩子曾经犯过同样的错误，那也是过去的事了，批评过就应该"结案"了，没必要再将以前的错误抖搂出来。这些"旧账"，就好比把孩子的伤口一次次地揭开，很容易让孩子觉得妈妈总不能原谅自己的过去，从而伤害孩子的自尊心，激起孩子的逆反心理。

允许孩子犯错，是让我们在心理上接受是孩子就会犯错的现实，从而能够做到心平气和地去对待孩子的错误。批评孩子的态度和方法，最能体现一位妈妈的亲子沟通水平。就事论事，不翻旧账，是妈妈批评时必须把握的第一要诀。

其次，批评孩子时，只针对事件和行为，不针对品质和人生。比如：孩子在考试中错了几道题，我们应该说："这题目很简单，仔细点就能做对。"而不是说："这么简单的题都做错，你就是个粗心的孩子。"因为，全盘否定和一味贬低只会让孩子陷入自卑的泥潭里，相反以迂回、含蓄的方式给孩子留出台阶，孩子才会对自己的错误进行反思和总结。

最后，再告诉孩子，正确的做法是什么。

当一位妈妈得知孩子的语文成绩不太好时，首先问孩子："这次语文没考好，想想看是什么原因呢？"

孩子回答："我写作文的时间太长了，结果前面有些题没有做完。"

"前面那些题你会做吗？"妈妈又问。

"我都会做，我在写作文时因为太专注，把时间给忘了。"

"那么通过这次的考试，你应该知道了，下次考试时一定要计划好时间，不要再犯同样的错误了。"

"嗯，经过这次教训，下次肯定不会了。"孩子点点头。

在成长过程中，孩子就像一杯没有倒满的水，我们不能总是看到"一半是空的"，而应该看到孩子已经"有一半的水"。也就是说，我们在看到孩子错误的同时，也要看到孩子成长的一面，多激励孩子，不要贬低孩子，挖苦孩子的错失。多用启发、引导、鼓励的方式与孩子沟通，为孩子指点"迷津"。

养成计划 **40**
早恋不是洪水猛兽

早恋之所可怕，

是担心后果太严重，

学习成绩下降，

情绪低落，

……

一次不该发生的早恋，

孩子可能会受到巨大的伤害，

因此我们要杜绝孩子早恋！

对此，

引导比管制更有效。

早恋不是洪水猛兽

凡凡上幼儿园大班的时候，有一天放学回来，兴奋地向我宣布了一个"喜讯"——她要结婚了！听到这个消息的我，当即愣在了原地，半响才反应过来，问她："你和谁结婚？"

"和航航。我们打算星期六的时候举行婚礼，妈妈你来参加啊！"凡凡一本正经地对我说。

航航是凡凡上幼儿园时认识的小男孩，两人性格相似，所以很有共同语言，渐渐就成了形影不离的好朋友。但是我没有想到，他们会产生结婚的想法，并且还邀请我去参加。接下来的几天中，我一直在忐忑不安中度过，内心无数次地纠结着，到底要不要告诉孩子：他们这么小是没办法结婚的；或者告诉他们结婚不是他们想象的那样；再或者，告诉她"早恋"的危害……可是好几次话到嘴边，都又咽了下去。

就这样到了星期六，我竟然为了参加凡凡的"婚礼"穿了一身比较正式的服装，可是凡凡似乎忘记了这件事一般，起床后就自顾自地玩耍起来。时近中午时，我忍不住提醒她："凡凡，你不是说你今天要和航航结婚吗？"

"我不跟航航结婚了！"凡凡头也不抬地回答我，"他抢了我的头绳，回去送给了他妈妈。我不喜欢他了，不跟他玩儿了。"

我再次愣在了原地，半天才松了一口气。原本我还不知道要怎么面对未来的"亲家"，现在好了，这个问题不存在了。随后我又为自己神经兮兮感到好笑，孩子都没有当真的事情，我却当真了。

这反映出了我的内心，就是对"早恋"这个词的敏感。"早恋"几乎是每一个家长避之不及的问题，甚至被视为洪水猛兽。其实，在上幼儿园的年龄，孩子之间的喜欢，还算不上"早恋"，只是他们内心更愿意跟谁玩儿的一种表现，而所谓的结婚，不过是他们对美好事物的一种向往。可能曾经参加过别人的婚礼，所以认为那是一种美好。

但是到了青春期，女孩发育迅速，逐渐性成熟，无论是在生理上，

第7章　内心强大无畏人生『险恶』

第7章　内心强大无畏人生『险恶』

还是在心理上，都更加趋向于成人化。这个时候，不可避免地会对异性产生好感，有的还会发展为恋爱行为，这是生理与心理发育的必然，因此青春期早恋是很普遍的情况。

既然是正常情况，那么我们就不必将其视为洪水猛兽一般，因为我们那副紧张的样子，反而会刺激孩子在青春期时敏感的神经，让事情朝着我们不希望看到的方向发展。

不支持，不蛮管

朋友清一直采用比较开明的教育方式，和女儿是母女，更像是朋友。女儿上初三那年的春节，对她说要带朋友回家吃饭。清和老公忙忙碌碌准备了一桌子饭菜，结果女儿只带回来一个，还是个男孩。男孩倒是不错，一副文质彬彬的样子，而且非常有礼貌。清的心中隐隐约约感觉到不安，再看她老公，脸色已经有些挂不住了。

趁女儿不注意，两口子躲到厨房里商量对策，最终得出了一个"先不动声色"的对策。一顿饭吃得有些尴尬，但是清尽量表现出作为家长的热情。午饭后，女儿主动找到了清，并直接询问清的意见："觉得这个男孩怎么样？"清实话实说："很不错，看起来很优秀。"

女儿对清的答案很满意，接着告诉清，男孩学习很不错，他们已经约定好了，如果双双考上重点高中，就确定恋爱关系。此次带回来，就是征求清的意见，并让清把把关。

清本以为这是女儿工作后自己才会遇到的问题，没想到提前来了。如果自己当时就拒绝，怕是会引起女儿的逆反情绪，如果答应了，又等于默认了女儿可以早恋的行为。思前想后一番后，清决定避重就轻地谈这个问题。

她当时是这样对女儿说的："妈妈很赞成你们这种相互鼓励的学习方式，如果你们能够双双考上重点高中，妈妈会真心地为你们高兴。"

女儿似乎不太满意这个答案，继续问她是否同意自己恋爱。清没有表示反对，也没有表示支持，而是用一个过来人的经验对女儿说："现在看来这个男生还是挺优秀的，谁知道以后会怎样呢？或许你考上了重点高中，就遇到了更加优秀的男生，再等你进入了社会，你还会遇到更更优秀的男生。而你，也只有跟更优秀的人在一起，才能变得优秀。所以你的问题呀，妈妈现在回答不了你，就看这个男孩今后能不能成为更加优秀的人了。"

当清跟我说到这件事情的时候，我不禁为她的机智点赞。后来清的女儿还是跟那个男孩建立了恋爱关系，但是不知什么原因，两个人闹了别扭分手了。因为一直以来清都没有过多地干预女儿的做法，所以分手后，女儿也没有隐瞒她。那段时间，孩子的心思明显受到了影响，清没有因为着急而批评孩子，而是告诉孩子，时间可以治愈一切，想要填补一处空白，就要找东西去塞满它，而对于学生来说，最好的选择就是拼命学习了，化伤心为学习的动力，是一举两得的事情。

在孩子最伤心难过的时候，清一直默默守候在孩子身边。有了妈妈的支持，从伤痛中走出来就会容易得多。并且有了这次教训后，女孩子不再轻易地谈感情的事情了，一门心思地扑在了学习上，因为她要去遇见那个妈妈口中更好的男孩。

至于生理方面，我们不要羞于与孩子谈及关于性的问题，及早让孩子知道"偷食禁果"的后果，她们才更懂得如何在早恋中保护自己。

养成计划 41
在干净的网络世界畅游

网络可以满足孩子潜在的心理欲望，

网络让孩子不再孤独，

网络还可以让孩子的天地更广阔，

然而，

网络是一把双刃剑，

它在带来便利的同时，

也带来了危害，

视力下降，

注意力分散，

作息不规律。

正确引导孩子上网

凡事都要有度，网络对孩子肯定有一定的好处，比如：开阔眼界，资源丰富等，但是如果超过了这个度，就会带来负面效应，如：沉迷于网络游戏，网恋，参与到网络暴力中，或是被网络上的不良信息所误导等。一旦产生网瘾，就会像烟、酒、毒瘾一样，一旦网瘾被挑动起来，就会难以控制，不顾一切地想要上网。

为什么孩子们对网络如此好奇、向往和专心致志呢？为什么他们的热情比家长们还高？网络究竟能给孩子带来什么呢？心理学家认为，沉迷于网络的孩子中，大部分都缺乏家庭关爱。尤其是一些父母工作很忙，长期不与父母沟通交流的孩子。网络的世界能够让他们感觉不再孤独，能够让他们了解到更多从未接触过的领域，就像是打开了生活中的另一扇门，让他们找到了更愿意去了解和理解自己的人。

另外，青少年时期的孩子，还没有学会正确地应对现实中的困难挫折。因此，一旦在现实生活中遇到了问题或挫折，就会因为缺乏应对困境的方式和资源，以及相应的勇气和信心，无法积极地处理和解决自身的问题或采用较为有益身心的方式进行调节，于是便借助上网摆脱烦恼，从而沉迷于网络。

当孩子沉迷于网络时，斥责、打骂的方法只会让他们对现实生活越来越失望，从而在情感上更加倾向于网络上的虚拟世界。所以，我们最应做到的就是理智对待，找到孩子沉迷于网络的原因，这样才能从根源上解决问题。

一般来说，孩子沉迷于网络，往往是由一定的心理需求引起的，或寻找精神寄托，或想转移学习压力，或想了解异性等。我们在了解了原因后，才能对症下药，引领孩子心甘情愿地走出网络的虚拟世界。

比如，一些父母平时忙于自己的工作，忽略了对孩子的关心。孩子在现实生活中得不到父母的关爱，当然会感到孤独。如果这时网上恰好有个"知心朋友"对他关爱有加，他又怎么会割舍这段感情呢？

这也是在提醒我们，无论平时多忙，都不要忽略了孩子的精神成长。多抽些时间与他聊聊天，认真倾听他的心声，同她一起分享快乐、分担悲伤。孩子能够从现实当中获得这些温暖和真爱，又怎么会再到网上去寻找安慰呢？

同时，我们要及时了解孩子上网的情况，在时间上进行控制，还应该懂一点网络基础知识，为孩子安全上网发挥一些指导作用或采取一些保护措施。比如：安装过滤程序或"防火墙"，可以屏蔽不良网站；可以搜索查找孩子经常去的网站和聊天室；给孩子提供一些适合他们上的网站和聊天室等。

有时间的话，还可以多和孩子一起利用网络查阅信息，一起交流分析。这样既可防止孩子躲开我们的视线上不良网站和聊天室，还可以在一起上网浏览、聊天、玩网络游戏的过程中增加感情，增加共同语言，同时增强自己的发言权。

最后，还要引导孩子多参加一些集体活动，多鼓励孩子与同龄孩子交往。当孩子在现实生活中找到寄托，找到自信了，自然就不会被网络的虚拟世界所吸引。

不慕虚荣，方能守住本心

孩子的一生中，

会面临各种各样的诱惑。

小时候，

是好吃的糖果、美味的糕点、漂亮的玩具；

长大后，

是金钱、名利、地位……

各种各样的诱惑，

看似华丽无比，

背后却是虚荣的陷阱。

稍不留意，

就会受到伤害。

第7章　内心强大无畏人生「险恶」

爱 ≠ 物质满足

现在的市场很会做营销，通过电视广告、网络视频等方式，向孩子们展示着他们所需要的各种物品，从玩具到零食，从服装到旅行，这也让孩子们认为他们需要一些"物品"来合乎潮流。凡凡三四岁时，令她耳熟能详的，除了儿歌，还有各种广告词。她会经常指着电视中或是视频中做广告的东西向我要，有一次正值凡凡过生日，我便满足了她，给她买了一个视频广告中的"游戏屋"。在看到"游戏屋"的那一刻，凡凡确实是高兴的，但是这种高兴仅仅维持了半天而已，而那个"游戏屋"随后也被冷落在一角，只是偶尔有小朋友来访时，觉得新鲜，才会拿出来玩一下。

但是当再一次面对广告中介绍的新玩具时，凡凡还是会要求买，甚至有的时候，是她已经拥有的玩具，只是颜色款式不同罢了。可以说，广告向孩子展示了一个有趣的世界，吸引了孩子，引起她们的消费欲望，看的广告越多，她们认为自己需要得越多。她们对此付出了太多的期望，可当她们拥有时，才发现也不过如此，于是便收获了更多的失望。如此往复循环，只会让她们对自己的生活越来越不满意。

我们的孩子，如果在他童年的时候，就开始依靠得到更多的物质享受，才能感受到快乐，那么他长大后就必定会陷入攀比的深渊当中。孩子在最初索取的时候，并不认为这有什么不妥，他们只会去想象自己拥有这件东西后的快乐，并不会去思考自己是否真的需要。

作为家长，很多时候，我们又容易将爱与金钱联系在一起，认为如果爱孩子，就要尽量满足孩子的需求，尤其是在孩子哭闹的时候，为了安抚孩子，而采用物质补偿的方式。事实上，爱孩子与金钱并无半点关系，世界首富对孩子的爱并不见得比一个贫民窟父母给孩子的爱更多，从某种角度来说，一件名牌服装和一件打了补丁的服装并没有什么区别，它们都是孩子用来御寒与蔽体的衣服而已。

爱，是陪伴，是倾听，是鼓励，是拥抱，但绝对不是更多的物质给予。为了不让孩子陷入物质的泥潭中，身为家长，我们首先要养成良好的消费观念，购买东西时看重实用性，并且按需求购买，而不是为了彰显什么。将经常带着孩子逛街购物的活动，改为带着孩子参加一些有意义的活动，比如：多去博物馆、美术馆参观等。

在父母的身体力行和思想感染下，孩子才能建立起正确的价值观。今后的生活，不管他是贫穷还是富有，他不会过分关注别人过得是否比自己好，同时，也不会因为别人过得比自己好，就产生攀比的心理。

养成计划 43
不在意他人的目光，做最真实的自己

孩子是个矛盾的综合体，

有着很强的自尊心，

同时又有一定的虚荣心。

所以，不能很好地控制自己的情绪，

也难以理智地对待别人对他的评价。

当受到别人的批评时，

他们会觉得很委屈、不服气；

当被别人表扬时，

他们又会沾沾自喜……

这其实就是一种心智不成熟的表现。

不管他人怎么说，

自信力满满的孩子都会坚持做最真实的自己。

同孩子一起无视流言蜚语

　　但丁有句名言："走自己的路，让别人说去吧。"年少时期，我曾把这句话作为座右铭写在自己的文具盒内。这句看似简单的话，其实做起来并不简单。人活于世，身边会有太多的流言蜚语，左右着我们的行为和思想。对于有辨别是非能力的大人而言，想从这些流言蜚语中脱身而出都不是一件容易的事情，换作孩子，恐怕会变得更困难。

　　小的时候，我家的邻居开着一家豆腐坊，她家的女儿晶晶与我是同班同学。因为长年累月做豆腐，家里总是弥漫着一股酸酸的黄豆味儿，所以晶晶的身上也总是带着豆腐的味道。

　　在一次换座位当中，新同桌却怎么也不愿意与晶晶同桌，并大声嚷嚷着说："老师，她身上酸臭酸臭的，一股黄豆味儿。"说着，还夸张地捂住鼻子，一脸嫌弃的表情。

　　晶晶使劲儿低着头，恨不得地上有条缝儿，能让自己钻进去。那天下午放学后，晶晶没有像往常一样到我家写作业，而是回家把衣服扔进了洗衣机，一遍一遍地洗着。

　　第二天，晶晶到了学校，发现还是有同学对她避而远之，甚至有的同学老远看见她，就开始捂着鼻子。这让晶晶很受伤，她为自己辩解："我天天都洗澡的。"

　　可是同学却说她："洗澡也没用，因为你家就是臭的，床是臭的，水也是臭的。"

　　同学的话让晶晶无言以对，虽然我和几个要好的朋友事后都安慰了她，但是晶晶还是很在意别人对她的看法。回到家后，晶晶便央求父母不要再做豆腐了。但一家人的吃喝用度都要依靠做豆腐来维持，怎么会因为学校里孩子们的几句话，就放弃谋生的手段呢！于是，晶晶很长一段时间都不愿意去上学，因为身上的味道，让她觉得很丢人。后来，她父母只能选择给她转学。

生活中就是这样，无论你做得多好，总有人说不好，无论你说得多么有道理，也总有人说你说得不对。既然做不到让所有人都喜欢自己，那么太在意别人的眼光，就只会给自己带来烦恼。

面对孩子被孤立或是被诽谤，我们首先要具有同理心，可能孩子所在意的问题在我们看来并没有什么大不了，但是我们的无视甚至是打压，只会让孩子感到无望，对缓解她们受伤的心灵没有任何帮助。能够站在孩子的角度去看待问题，我们再向孩子传达"不必在意，没必要让每个孩子都喜欢你"的思想。

做到这一点，首先我们自己就不要在意孩子被孤立或诽谤这样的事情，不要将"别人不愿意跟你玩儿"当成一件多么重要的事情去影响孩子。而是要让孩子明白，世界很大，人有很多，道不同就不需要强行为谋。

另外，孩子最主要的精神支柱来源于父母的爱，如果能够在父母这里感受到源源不断的爱意与支持，那么她们的内心就能衍生出对抗流言的力量。因为她们知道：你不喜欢我无所谓，我还有爸爸妈妈喜欢我。

世界不完美，接受 AB 两面

世界犹如一枚硬币，

有A面，就有B面，

孩子对此需要有免疫力，

这样他们才能拥有克服社会中种种不如意的能力，

才能知道在大千世界中如何进行自我保护。

这美好世界的另一面

　　凡凡成长过程中遭遇的最大意外，恐怕就是一次"走失"的经历了。那天，我因为有事耽误了接她放学的时间，当我赶到学校时，却没有看到凡凡的身影，我找遍了整个校园，也没有找到她。顿时，我的脑袋就开始"嗡嗡"作响，感到阵阵晕眩，之后便立刻掏出手机，打电话给爱人。不到十分钟，爱人赶到了学校，我们报了警，然后由爱人沿着学校周围寻找，我则回家等待，也许凡凡会自己回家。

　　就在我回家坐立不安地等了大约半个小时后，隐约听到了敲门声，我一个箭步冲到门口，打开门就看到凡凡站在门外，书包带斜掉下来，校服的拉锁也被扯开了。那样子，就像是刚在外面疯玩儿回来。凡凡看到我，小嘴撇了撇，不等我开口询问，她就先哭了起来。

　　等凡凡的情绪平复了，她才给我讲起了从放学到回家这段时间内，她究竟去了哪，做了什么。原来，放学后凡凡就站在门口等着我，就在大家都走得差不离的时候，她看到一个小女孩坐在路边哭，一向热心的凡凡连忙走上前去，一问得知这个小孩儿和妈妈一起出门，但是却在半路跟妈妈走散了。凡凡一听，便拍着胸脯说："姐姐送你回家。"

　　就这样，按着小女孩星星点点的记忆和并不完整的叙述，凡凡带着小孩儿在街上兜兜转转好几圈，也没能将小孩儿的家找到。情急之下，凡凡忽然想到了警察叔叔，于是便带着小孩儿站在路边等待，等了很久，才看到一辆警车经过，她连忙将警车拦了下来，然后将小孩儿托付给了警察。当警察表示要送她回家时，她却拒绝了，因为她以为我还在学校门口等她。然而，出乎凡凡意外的是，当他按照原路返回到学校的时候，却没有看见我的踪影，等了许久，凡凡才决定自己走回家。

　　听完凡凡的叙述，我浑身再次冒起了冷汗，脑海里显现出自己看到的一些关于拐卖儿童的新闻，很多人贩子为了引诱其他小孩儿上钩，会故意用孩子做诱饵，谎称自己找不到家了。这时，无论其他孩子还是大人伸出援手，等待他们的都是即将被拐卖的陷阱。如果那个小孩儿也是"诱饵"，那我恐怕就再也看不到我的女儿了。

　　想到这里，我连忙扳正凡凡的肩膀，一脸严肃地对她说："万一那个小孩儿是骗子怎么办？如果她把你领到人贩子的手中怎么办？你就永远见不到妈妈了！"

　　凡凡被我的严肃吓了一跳，许久才问："什么是人贩子？那个小妹妹很可怜，她一直在哭。你不是跟我说，要乐于助人吗？"

"乐于助人是没错，但是要先分清好人和坏人。"我急着辩解。

凡凡更加不理解了，皱着眉头问："那好人长什么样？坏人长什么样？小妹妹那么小，应该是好人吧？"

此时，我才开始反思，孩子很小时，我便教育她做一个好人，而对于这个世界上存在的坏人，却绝口不提。我天真地以为，只要我保护得够好，孩子就不会遇到坏人，甚至以为当孩子成长到一定的年龄，自然会认清这个世界，并自然而然地生发出抵御"丑恶"的免疫力。

而我却忽略了，每天网络上出现那么多被拐卖的孩子，或是被陌生人伤害的孩子，他们又何尝不是跟凡凡一样，从小被灌输"世界是美好的"观念，但是却没有随着年龄的增长而加深对这个社会的认识，反而因为太过纯真而听信坏人的谗言。这样的孩子，充分相信这个世界，所以已经失去了基本的防御心理。

培养孩子抵抗黑暗的能力

家长以为，对于虚假、丑恶、暴力、死亡和血腥，能不提就不提，不要给孩子纯洁的内心制造难看的阴影，所以我们总是试图掩盖这个世界的黑暗面，就连教科书上出现的人物，也最好都是积极的，美好的，以为这样就能让孩子享受阳光普照的温暖，远离是非，远离暴力，远离政治。但我们却不曾想到，一味接受阳光普照的孩子，当有一天让他去面对黑暗时，他又该怎么办呢？

不管是在父母的口中，还是在电视上、书本上，坏人似乎是不存在的，即便是存在也总是能被好人制服，然后被关进大牢。可在现实生活中真的如此吗？在孩子们看不到的国家里，仍旧有战争与迫害存在；因我们不可控的因素，依旧有天灾时不时发生；就在我们的身边，校园暴力、拐卖，也是频繁发生。

目前，我们有强大的国家做支撑，可以远离战争与迫害，但是天灾人祸躲得了吗？校园暴力、拐卖可以完全避免吗？答案是否定的。既然如此，与其遮遮掩掩，倒不如用客观的态度，让孩子在相信世界美好的同时，知道在这美好之中也会有残缺的存在。

后来，我便在有意无意间让凡凡接触到一些世界不完美的一面。赵薇、黄渤主演的《亲爱的》上映时，我就拉着凡凡一起看，当看到小主人公朋朋见到亲生父母都不认识的场景时，凡凡哭成了泪人，之后一直问我，"妈妈，如果我丢了，你会一直找我吗？"我回答她说："会。但是妈妈不确定能不能找到你。"这个事实，令我们母女二人都十分难过，但是同时也令我们在享受这个世界美好的同时，也更加的警惕。

之前每次外出游玩儿，我的眼睛都不敢离开凡凡一秒，但是当她知道这个世界有坏人存在的时候，她会更加紧张我，生怕我一个不留神将她弄丢了。当然，仅仅是让孩子知道世界不完美是不够的，还得让我们的孩子学会如何去抵抗这些不完美。比如：一旦与妈妈走散了，该怎么做？牢记住家庭住址、父母姓名与电话；不与陌生人说话；不接受陌生人给的食物、玩具等等。

孩子的成长既然享受着阳光的普照，同时就得接受阴影的存在。太阳再厉害，也总有它照不到的地方。渐渐地，凡凡不再天真地以为世界上都是好人，坏人都被警察抓起来了，她明白世界上还有很多坏人，但是也明白好人更多。

人生也好，生活也好，有时候犹如一枚硬币，有A面，就有B面，我们不能只让孩子看到A面，却不让他们看到B面。世界本身就是不完美的，存在着不尽人意的遗憾和丑恶，孩子对此需要有免疫力，这样他们才能拥有克服社会中种种困难的能力，才能知道在大千世界中如何进行自我保护。

！ 谨记那些破坏自信力的禁语！

"你怎么这么笨？真是给我丢人！"

我们在对孩子说这些话的时候可能觉得没什么，只是气话，是想借此达到我们的教育目的，让孩子按照我们的要求去做。然而，小孩感情敏感、脆弱，当他听到这些话时，会感到内心受到了严重的伤害，或者觉得自己真的很没用，连自己的爸爸妈妈都不喜欢自己，进而妄自菲薄，变得自卑、懦弱。

虽然我们不应该对孩子过于娇宠，但也不能经常用这样的话责备、训斥他，打击他的自信心。即使他做得不够好，我们也要用温和的口吻，指出他在哪些地方还有不足，还需要再努力一下才能做得更好，同时也要给予他恰当的帮助。这样既达到了教育目的，又不会刺伤孩子的自尊心。

"你能不能大方点，这扭扭捏捏的样子，下次别来了。"

每当孩子表现得害羞、腼腆时，我们多半都会以"这孩子太腼腆了""他太胆小，从来不敢在人多的地方说话""他一遇到陌生人就害羞"等原因来解释孩子的表现。

殊不知，当我们当着孩子的面这样评价他时，就等于给他贴上了"胆小""害羞""懦弱"等负面标签。而"我很没用""我不敢在别人面前表现"等意识一旦植入他的内心，他也会变得越来越胆小、不大方，甚至会逐渐变得自卑。

因此，无论我们的孩子表现得多么懦弱、胆小，我们都不要随便给她贴上这样的负能量标签，而应该鼓励他："不用担忧，你一定可以在比赛中表现得非常好"或"其实每个人都紧张，但我相信你能够很快克服"等等。这种激励的语言，可以增强女孩的正能量，让他变得越来越勇敢。

第 **8** 章

重塑自我信心的
六个好习惯

自　信　力

养成计划 45

讲卫生，干干净净与人相处

孩子不讲究卫生、不讲究仪表美，

可不是一件小事情。

干净整洁的仪表，

不仅能体现出一个人的精神面貌，

还会让人对自己充满自信。

让孩子养成讲究卫生的习惯，

干干净净的，

这样别人才愿意与他相处。

臭宝宝，人人避之

凡凡的班级每隔一个月就要进行一次换座，老师的本意是让孩子们接触到更多的同学，让整个班级融合成一个大集体。有一次换座回来后，凡凡一脸的不高兴。这种情况之前也有过，因为换座，凡凡跟她最好的朋友被迫分开了。但是这次，凡凡竟然请求我向老师求情，不要让她跟XX一座。经过凡凡的叙述，我了解到，这个XX是个小女生，但是每次换座都没有人愿意跟她一座，这次凡凡自称倒霉到家了，才被分到跟她一座。

"也许你没有发现这个女生身上的优点，说不定坐的时间长了，就了解了，就会喜欢和她一座了，妈妈小时候……"就在我准备"现身说法"时，凡凡打断了我的叙述。

"哎呀！妈妈你不知道，她总是在上课的时候掏鼻屎，还到处乱抹。有一次我亲眼看到，她还把抠下来的鼻屎抹到她同桌的桌子下面！每次值日的时候，都没有人愿意打扫她的位置，因为她的座位下面都蹭的是鼻屎，恶心死了。"凡凡说着，用手捂起了鼻子，摆出一副嫌弃的样子。

"妈妈，你不是说女孩要讲卫生吗？所以我才不愿意跟她同桌，因为我怕被传染疾病。"见我没有反应，凡凡又立刻为自己辩解道。

"那你们都不愿意跟她同桌，她怎么办呀？"我这样问凡凡。

"嗯……"凡凡思考起来，"我看她挺可怜的，其实最早老师是让一个男生跟她同桌的，结果那个男生死活不愿意，她就站在自己的位置上，低着头，使劲儿地攥着衣服，我看她好像挺难过的，就往前走了走，结果老师以为我想跟她同桌……"

"你讲究卫生是对的，但是排斥小朋友就不对了。妈妈帮你想个办法。"

当天我到超市买了一包包装鲜艳可爱的纸巾，然后让凡凡带到学校，并对她说，这是她们公用的，只要那个女孩觉得鼻子不舒服，随时可以使用。

后面的发展我就不得而知了，但是通过这件事，我更加意识到，作为女孩，不管长相如何，如果她干净整洁地出现在大家面前，很快就能博得他人的喜爱；相反，如果邋里邋遢地出现在众人面前，无论长得多么漂亮，也会让人避而远之。

讲究卫生，从小培养

曾看过一期电视节目：一个穿着干净，打扮可人的小女孩站在路边哭鼻子时，很多行人都会关切地上前去问："小朋友，你怎么了？需要帮助吗？"但是场景一换，同样一个小女孩，换上了一身邋遢的衣服站在路边抹眼泪，来往的行人只会注意到，但是却鲜有人上去询问。

事后对路过的行人进行采访，人们纷纷表示，穿着整齐的小女孩一看就是与父母走散了，找不到父母的样子，但是穿着邋遢的小女孩却像是一个流浪儿，说不定还是骗子的某种行骗手段。

这就是形象的力量。

当然，也有些家长认为，讲卫生这种小事根本不值得一提，孩子只要身体健康、学习好，将来一样可以有出息，跟讲不讲卫生没有任何关系。

讲究卫生真的只是"区区小事"吗？并非如此。在看似微不足道的个人卫生问题上，往往可以反映出一个孩子的精神面貌和生活情趣。一个不注重个人卫生的孩子，他的精神面貌也肯定很差，也不可能有什么精神的升华。这样的孩子，又怎么能够内心强大起来呢？

凡凡走到哪里，总是会有人夸赞道："这个小姑娘真干净呀！"听到别人的夸奖，凡凡就更加注意自己的形象了，不到两岁时，懂得吃饭前先洗手，当食物的汤汁掉在身上，她会用纸擦干净，如果擦不干净，就会拉着大人的手说"脏",换了新衣服后,会小心翼翼地不再弄脏。

很多亲戚朋友见了都会说:"你们家凡凡太听话了。我们家那孩子,让他洗个脸要费九牛二虎之力,常常带着一张花猫脸就睡着了。"但紧接着又说了:"不过话又说回来了,小孩子,有几个干净的?"

孩子总是玩儿得满身泥巴,是孩子的天性,但能否养成讲究卫生的习惯,责任则在于大人。良好的习惯需要从小培养,比如:每天刷牙洗脸、经常洗澡、勤换衣服、勤剪指甲等,同时也包括不乱扔垃圾、不随地吐痰等。如果小时候任由孩子每天灰头土脸,穿着邋里邋遢,那么等他懂事以后,再去要求他要注意个人卫生,恐怕是一时半会儿无法达成所愿了。

所以,从小让孩子就有意识地、干干净净地去与人相处,让这种习惯和意识慢慢成为一种素养,让他在为人处世中更加阳光自信,这会让孩子一生受益无穷。

养成计划 **46**
事事高效不拖拉

每天的作业都不能马上做，

一定要拖拉到最后一刻；

做作业也不专心，

东看看西看看，

有时甚至点灯熬夜才能做完；

从早晨起床、穿衣、洗漱到出门上学这段时间，

动作慢吞吞，结果经常迟到，

吃饭很慢、洗澡很慢……

这似乎也算不上什么大的毛病，

但是日后融入集体、进入社会后，

这种拖拉的恶习就会暴露出其弊端。

孩子拖拉背后的原因

有一段时间，凡凡在我口中的昵称是"拖拉机妹"，这并不是开拖拉机的小妹，而是她无论做什么事情，总是磨磨叽叽的，比如：马上要出门了，她却不着急穿衣服；到了该睡觉的点，却依旧这看看那摸摸，洗个脸刷个牙，往往要花费三四十分钟的时间……经常拖拖拉拉，于是，她就多了这样一个绰号。

起初，我并不会因此而感到着急，毕竟孩子做什么事情都有她自己的节奏。但是从她开始上学后，我有些无法忍受了，会经常因为她的磨磨蹭蹭而感到生气。尤其是在她刚上幼儿园的时候，一边是快要迟到的时间，一边是并不着急的她，几乎每天早晨，孩子都是在我的催促声中度过，"快点，快点，快迟到了""你怎么这么磨叽，能不能利索一点！"……

说得多了，不仅孩子觉得烦，我自己也会感到厌倦。最主要的是，我发现催促并不是一个好办法，甚至是越催越慢，然后越慢越催，就像进入了一个恶性循环中。

当我冷静下来思考时，我也渐渐意识到自己的问题，每次我嫌弃孩子磨叽的时候，往往都是我自己非常着急的时候，而孩子当时正处在她自己的精神世界中，被妈妈突如其来的催促打断，她一时半会儿无法反应过来。而面对妈妈满脸的焦急与责备，孩子会对自己的行为产生怀疑，可往往孩子的那些行为并没有多大的错误，比如：孩子正在专心玩儿玩具，却被妈妈催着立刻出门。其实孩子的磨叽，仅仅是因为她专注在某件事情中而已。

另外，孩子磨蹭还有一个重要的原因，就是头脑中没有时间观念。

每当凡凡想要看动画片的时候，她都会跟我说："妈妈，我只看半个小时。"话虽这样说，可是她并不知道半个小时有多久，当半个小时后我去关电视时，她总是不依不饶地说："半小时还没到呢！我还没看够呢！"可见，在孩子的心里，她所谓的时间，并不是真正意义上的时间，而是她内心的满足时间。

还有，就是当孩子内心抗拒某个行为时，她就会用磨蹭来拖延时间，比如：生病吃药的时候，刚刚上幼儿园的时候。为了不吃苦苦的药，但是又知道自己非吃不可时，孩子通常都会说："先放那，我一会儿再喝。"或者是"我等玩完这个再喝"等等。刚刚上幼儿园的时候，因为内心有抵触的情绪，总是想着"不去"，那么在行为上，就表现为穿衣、洗漱都是慢腾腾的样子。

当我们得知了孩子拖拉背后的原因时，就不会因为孩子总是磨磨叽叽而着急生气了。在不着急生气的情况，再去逐步培养孩子的时间观念。

25分钟的定时炸弹

想要孩子改掉拖拉的习惯，建立起时间观念是非常重要的手段。孩子爱玩儿是他的天性，从游戏中培养一些良好的习惯，或是明白一个深刻的道理，可谓是娱乐教育两不误。

在凡凡总是磨磨叽叽的过程中，我发明了一个"定时炸弹"的游戏。在凡凡小学三年级的时候，有一次老师和我反映说，凡凡写作文的速度很慢，总是写不了几个字，就走神了。

回家仔细留意后，我发现凡凡确实有这种现象存在，经过深谈之后，我得知，每当没有思路的时候，她的头脑就会情不自禁地走神，等回过神来时，发现之前想起的思路还要重新整理一遍，这样一来，内心就会产生厌烦、抵触等情绪，所以才会出现写得慢的情况。

这种情况，作为大人我也经常会遇到，所以我明白，仅仅是要求她不要一心二用是起不到多大作用的。这时，我忽然想起曾经接触过的时间管理课程，其中有一个"倒计时"工作法，即在做某件事情时，给自己定一个25分钟的计时器，25分钟之后，不管手中的工作有没有完成，都要立即停下来，休息5分钟，5分钟过后继续做这项工作；如果在25分钟之内完成了这项工作，那么就可以接着进行下一项工作了。

为了让孩子更容易接受，我将此改变了一下。同样也是25分钟的时间，但是如果在25分钟内没有完成规定的任务，那么就会受到"炸弹"的惩罚，比如：吹破一个气球，或是坐破一个气球等。如果完成了，就正常休息。另外，如果有突发情况产生，比如上厕所之类的，那么就可以暂时将倒计时停止，等解决完突发事件后，再继续。

第一次和凡凡做这个游戏时，她一脸的好奇与期待。当我将一个定时为25分钟的计时器放在她的书桌上时，她第一次如此真切地看着时间是怎样一分一秒地消失掉，那速度令她感到不敢相信，愣神了好半天，才将铅笔拿起来。

当她写着写着思维枯竭的时候，忍不住想要去做其他事情，我用手指点了点那个计时器，凡凡看着时间就还剩下十几分钟，人又立刻紧张了起来。一紧张精神就会格外集中，最后竟然提前几分钟完成了任务。第一次尝到紧张感给自己带来的高效率，凡凡自己也激动不已。

后来我们经常使用这种方式去做某件事，渐渐地，凡凡自己也会主动定个"倒计时"。在这个过程中，她也有没能按时完成的时候，不管什么原因，"惩罚"是一定要进行的，然后我们在一起分析，究竟为什么没能完成。

　　当然了，并不是所有的事情，都能够在25分钟内完成，比如，25分钟的时间可以做完一道阅读题，但可能会写不完一篇作文，这个时候我们就可以给孩子要求字数，25分钟内必须要完成多少字。这样一来，孩子就不会觉得任务难以进行下去，或者是为了完成任务而不注重质量。

　　有时候，我也会让孩子做我的"监视人"，当我无法在25分钟内完成自己规定的任务时，也会如约接受"炸弹"的惩罚。当孩子充分感受到高效率给自己带来的好处，以及来自妈妈的肯定和尊重时，她也就不再愿意做一个"拖拉"小公主了。

养成计划 47

储蓄习惯关系一生幸福度

在现代社会，

学会储蓄、懂得理财，

是孩子必须具备的一种习惯和素质，

也是现代社会中一个人的基本能力之一。

这种习惯的养成，

更是直接关系到他一生的幸福与发展。

不可取的"金钱放宽政策"

我曾经在朋友圈做了个调查：有多少妈妈有意识地培养孩子的储蓄习惯？得到的答案五花八门，有的说："女孩子就是要富养，所以金钱上不要太计较。"有的说："从未想过这个问题。"还有的说："只在乎孩子学习好不好，不在乎花钱多不多。"甚至还有人说："孩子生来就是花钱的，否则自己挣的钱给谁花？"

第8章　重塑自我信心的六个好习惯

在众多的朋友当中，能够有意识培养孩子储蓄意识的妈妈连一成都没有。其中约有六成的妈妈只求自己的女儿好好读书，自己省吃俭用却对孩子有求必应，要多少钱给多少钱，可谓是可怜天下父母"薪"。然而，从小让孩子花钱大手大脚，不懂得储蓄理财，将来她步入社会后，不仅不懂得投资理财，还容易产生冲动消费、过度消费、信用卡透支等现象，甚至沦为"卡奴"，严重影响正常的生活和工作。比如：网络上经常报道的内容，有些小学生玩游戏买装备就花掉了上万元，几乎是父母好几个月的薪水；还有的小学生打赏网络主播，小手一挥就是父母一个月的工资……

这些孩子的家庭也并非富裕家庭，但是花钱却如此大手大脚，归根结底，他们没有良好的储蓄习惯，甚至根本不知道储蓄为何物。

朋友的女儿欢欢，从小就穿名牌服饰，用名牌的学习用具。上小学后，朋友每天都会给她很多零花钱，任由欢欢花费。如果欢欢的零用钱花完了，也是随时向朋友要，朋友从未拒绝过，每次给的钱从几十到几百不定。

在这种优越的生活环境中，欢欢也养成了"花钱"的惯性，有时候她并没有必须购买的东西，但是却有着必须将手里钱花出去的欲望。在欢欢这样大手大脚花钱之下，朋友家里堆满了欢欢买来的各种玩具、贴纸、文具用品等。很多东西连外包装都没有拆开，就放在角落里落灰了。

对此，欢欢妈说得最多的一句话却是："喜欢什么就买，没钱了，爸爸妈妈会给你挣的。"在这种思想的引导下，欢欢根本不懂得如何储蓄。而像欢欢家的这种"金钱放宽政策"，在很多家庭中都能看到。我们不愿意看到自己的孩子受苦，更不愿意让自己的孩子承受"别人有，我没有"的痛苦，一味地"富养"，导致许多孩子从小就不懂得珍惜钱财，更不懂得储蓄钱财，花起钱来毫不吝啬，一掷千金。这样的孩子日后走上社会、步入家庭，又怎么能懂得节俭、懂得理财呢？

培养孩子储蓄的习惯，他才能养成节省"自己的钱"的习惯。现在在一些节日中，家长和亲戚都会给孩子一些压岁钱、零花钱。对于这笔钱，父母可以与孩子一起商量，问问他："打算用这笔钱干什么？"了解一些孩子对金钱的态度，并给出一些指导。

孩子若选择把钱存起来，父母可进一步让孩子了解"银行"和"储蓄"是怎么回事，然后帮他在银行开一个存款账户，让他把所有得来的钱都存入这个户头。同时，每隔一段时间就与孩子坐下来算算：这个户头得了多少利息，并教孩子一些利息的计算方法。当孩子看到自己存起来的钱还能"生"出钱来时，储蓄观念也会大大增强。

零钱不多，管好不容易

表姐的女儿婷婷上小学的时候，蜡笔、橡皮等学习用品总是用得特别快，表姐本以为这是孩子的正常需要，所以并未深究。直到有一次，接送站的老师对表姐说："你们家婷婷太大方了，别的小孩儿向她借东西，她二话不说就借了。"

表姐当时还觉得这是婷婷乐于助人，可老师下面的话，才让表姐意识到事情并非这么简单。原来很多小孩儿很"聪明"，就是自己明明有蜡笔和橡皮，却将自己的藏起来，然后用婷婷的，而婷婷还"傻傻"地以为自己是在助人为乐。

但如果把这件事直接告诉婷婷，那势必会伤害孩子善良的心灵，同时也让她对友情产生怀疑。因此表姐决定采用另一种方式，那就是让婷婷自己体会到文具也是用钱买来的，而钱是有限的。于是表姐每个星期给婷婷10块钱，并对她说，这钱是专门用来买文具的，花不完可以攒起来，攒多了可以去买自己喜欢的东西。但如果提前花完了，也不会再给，没得用就得自己想办法。

结果，第一个星期还没过去一半，婷婷的钱就花完了。所以再有同学向她借铅笔橡皮时，婷婷只好说："对不起，我不能借给你，因为我用完了就没钱买了。"随着婷婷年级的升高，表姐给的零花钱也有所增加，但是那些钱只够买一些普通的文具用品，如果要买一些印有漂亮卡通图案的文具，就远远不够了。正当表姐考虑着要不要破例给婷婷买一次时，她却拿着一张漂亮的贴纸回家了，然后就钻进自己的房间里，将贴纸撕下来，然后小心翼翼、略带设计地将贴纸贴在了文具盒、自动笔、直尺上，甚至橡皮的外包装上。做完之后，婷婷就拿着自己的"作品"向表姐炫耀开了。原来她在心里算了一笔小账，一张贴纸才五角钱，但是一副印有卡通图案的直尺要比普通直尺贵一块五，如果再算上其他文具，那就更贵了，于是婷婷想到了自己买贴纸来装饰文具的法子。

可见，让孩子自己掌握零花钱，既可以强化孩子的算术能力，还让孩子学会精打细算过日子。实际上，让孩子有支配经济的能力，对其学习的自主性，也有着非常强大的助推力。

这一点在婷婷上高中以后表现得更明显了，婷婷能够充分地管理好自己的时间和行为。当有的同学因为太累了，在课堂上打瞌睡的时候，婷婷从来是腰板挺直地坐着听讲，如果老师讲的内容她已经掌握，她也绝对不会就此休息，而是利用上课那几十分钟的时间，马不停蹄地做一些练习题巩固老师所讲的内容。放学的路上，婷婷通常都是一边骑车，一边念念有词地背英语和公式。这样回到家后，她就有了悠闲的吃饭时间，同时能够在吃饭时间看看新闻，为写作文积累素材。所以，虽然婷婷没有熬夜苦读，但是高考成绩却出奇的好。

后来到了国外，表姐按照一个月一次的方式给婷婷寄生活费。开始的时候，这些生活费刚刚够花，但是之后每个月都会有一些盈余。再后来，表姐便将一年的生活费一次性给了婷婷。她从来不会担心婷婷会一下子把钱花光，相反，婷婷还用这笔钱做了小买卖，在网上购置了一些手工材料，然后利用课余时间将这些材料DIY成漂亮的小饰品，再将这些小饰品拿到校园里去卖。这样一来，生活费不但花不完，还变得更多了。

教会孩子如何花费和管理金钱，让孩子从小就有金钱的意识，是家庭教育中一件必须要做的事情，通过让孩子自己管理零花钱，能够培养孩子的计划性、决策性和自控能力，而这些能力在其学习乃至成长道路中都是至关重要的能力。当我们的孩子能够自主地掌握自己的零用钱时，相信他在精神富足感上不会缺失，也势必会带动其他方面的自律能力。

养成计划 **48**
强壮的身体是强大内心的助推器

一个内心强大的孩子，

是一个懂得爱自己的孩子，

而一个爱自己的孩子，

必定会爱自己的全部。

外表好看确实可以为孩子带来更多的欣赏目光，

但人们却更喜欢一个身心都健康，

时刻充满了活力的孩子。

因为这样的孩子，

就像是一束阳光，

能够带给人无限的能量。

吃得好，才能身体好

家有女孩的妈妈们可能都发现了，从两岁起，孩子就开始通过镜子来认识自己了，并且她们会十分在意自己的样子。据英国发展心理学期刊公布的数据来看，在三到六岁的女孩中，有将近一半的女孩担心自己身材肥胖；在十一岁到十七岁的女孩中，苗条的身材基本上是所有的人目标和愿望了。

女孩子爱美是天性，因此她们非常注意自己的身材。记得我上小学时，有一次"六一"表演节目，学校统一发放了服装，但是我却因为较胖，在跳舞的过程中，将衣服撑开了一个小口子，引来不少学生的嘲笑。回家后，我对母亲说，自己要减肥。母亲对我说："小孩子减什么肥？身体健康最重要。"就这样，打消了我减肥的念头。

长大后，我也会时不时踏上减肥的道路，但是耳边一直回荡着母亲对我说的话，"健康最重要"，所以从来没有刻意地追求以瘦为美，只是力求将体重控制在健康的范围内。可能是我经常有意无意地将"减肥"二字挂在嘴边，凡凡步入初中后，有一天放学回家，到了吃晚饭的时候，却说自己不饿，不愿意吃饭。在我的再三催促下，才小鸡啄米似的吃了那么几口。我以为她不舒服了，后来才知道，她是觉得自己太胖了，所以要减肥。而事实上，她的身高和体重在健康的范围内，根本不需要减肥。

现代社会以瘦为美，所以很多女孩都会通过少吃或者不吃来达到瘦的目的，而这种方式，对身体的伤害非常大。亲戚家的小女孩静静十二岁了，但是却没有十二岁女孩的青春和活力，整个人看起来十分瘦弱，就像是一根豆芽菜。她妈妈为了让她吃饭，可谓是费尽了心思，可她无论吃什么，都是一点点，然后就说自己吃饱了。结果在一次体检中，静静被医生告知，身体已经呈营养不良的状态，如果再这样下去，就会影响身体发育。

一副病恹恹的样子，即便是拥有花容月貌又能怎样呢？为了减肥，过度节食，不仅会令女孩营养失衡，留下健康隐患，还会影响她们的智力发育。女孩想要保持一个曼妙的身材，这并没有错，但是要通过健康的方式。真正的美，是建立在健康的基础上，节食，或是暴饮暴食，都是不健康的方式。

饭，一定要吃，关键在于怎么吃和吃什么。现在人们的生活水平得到了极大的改善，物质生活也愈加丰富，各种零食琳琅满目。但超市里的大部分零食都是垃圾食品，这些食品不仅不能为孩子的身体提供必要的营养，其中过量的人工色素、香精、防腐剂、增色剂等，还会危害他们的健康，所以零食最好不吃。

一日三餐是孩子摄入营养的主要方式，想要一个健康的身体，一日三餐必须有规律地进食。事实上，营养均衡，搭配合理的三餐，并不会导致身体发胖。真正令身体发胖的饮食习惯是暴饮暴食，要么就饿着不吃，要么就是看到好吃的东西没有节制地吃。这样不但对胃伤害巨大，对身材的维持也没有任何好处。

当我们的女儿提出要减肥时，首先我们要看孩子的体重是否在健康值的范围内，如果身体很健康，孩子要减肥，那一方面是受我们时常说"减肥"的影响，另一方面是孩子对自己的身材不自信。这个时候，我们就要教导孩子以健康为重。如果孩子的确超重了，减肥也无可厚非，只是除了在饮食方面下功夫外，运动也不失为一个好选择。

生命在于运动

古代时对完美女孩的定义是：琴棋书画，样样精通。但无论是弹琴还是下棋，或者是书法还是绘画，都要求女孩子端坐在桌前，摆出一副淑女的形象。但今世不同于往日，大家对女孩的定义也更加多样化了。文静的女孩有静态的美，活力的女孩具有动态的美。而且运动能让女孩保持旺盛的精力，并带给女孩一个健康的身体。并且体育锻炼还能让女孩对自己充满自信。

在凡凡向我表明了要减肥的意愿后，我没有立即阻止她，而是告诉她现在正是她长身体的时候，节食减肥的方式并不适合她。如果她愿意的话，可以通过运动来达到健身的目的。这样既能让身材看起来更匀称，而且还能做到劳逸结合。

凡凡倒是接受了我的建议，但是对自己能否在运动这条路上坚持下去，她有些不太自信，毕竟运动也是一项十分能够挑战人耐性和耐力的事情。为了鼓励凡凡，我拍着胸脯答应她，无论刮风下雨，我都会陪她一起运动。

后来，每天晚上九点钟，我和凡凡都会出去跑步。起初跑上二十分钟，我俩就大汗淋漓了，但是我们相互鼓励着对方，她为了更青春更有活力，我为了不至于老得太快。就这样，我们坚持了一个月后，跑步的时间延长了一倍。

在坚持了三个月之后，我和凡凡都发现了自己身上的惊人变化。凡凡的肌肉更加结实了，并且精力也更旺盛了。以往她时常会在繁重的学习中感到乏累，但是跑步之后，她却发现乏累感渐渐地消失了。更重要的是，以前并不擅长体育项目的她，再也不反感体育课了。而我之前时不时腰酸背痛的毛病，也正在得到改善。

我们都没有想到，运动这件事一旦开了头，形成了习惯，就很难再停下来了。后来我们为了冬天跑步更加方便，还专门买了一个跑步机放在家里，这样天气状况不好时，也不会影响我们运动了。再后来，我们还会利用周末休息的时间去爬山、游泳。令我没有想到的是，到了初二下半学期，凡凡还主动报名参加了学校的篮球队选拔。用她自己的话说，这是她以前想都不敢想的事情，因为她不相信自己能够做好。

只有对体育运动产生了兴趣，孩子才会真正热爱体育锻炼。而当孩子走出室内，来到户外，呼吸着新鲜的空气时，他们就很难再忘记这种感觉了。为了让孩子感受到户外运动的乐趣，我们还可以经常带孩子去观看各种体育比赛，在感受现场那种热烈的气氛下，激发孩子爱上运动，对运动产生兴趣。

同时，参加体育运动，对孩子性格的塑造，也能起到正面的推动作用。比如，排球、篮球、跳舞等团体运动项目，对于性格比较内向的孩子来说，可以让他体验到与同伴一起运动的乐趣，从而逐渐改变孤僻的性格；羽毛球、乒乓球等运动，对于缺乏主见的孩子来说，可以锻炼他的果敢性；而游泳、太极拳等需要考验控制力的运动，对于性格急躁的孩子来说，则可以锻炼他们的耐心。

当然，运动就如学习一般，想要看到效果，贵在坚持，只要循序渐进地进行下去，将运动当成一种乐趣而不是一项任务来进行，那么就能通过运动，发现一个更加不一样的自己。

学习，是提升自己最快的方式

爱默生曾说：

"习惯若不是最好的仆人，就是最差的主人。"

对于学习习惯而言，不存在"灰色地带"，

如果没有养成好的学习习惯，

那势必就养成了坏的学习习惯。

学习，也是成长的烦恼之一

在我的求学生涯中，老师曾说过一段让我印象深刻的话，老师说："小学时期是女生学习比较好，但是进入中学后，男生的成绩就会反超女生。"起初我并不是很服气，认为老师的言语里充满了对女生能力的歧视，但结果证明老师的话很有道理，因为到了中学后，尤其是在理科班中，班里前十名的人里面，男生明显占了大多数。

后来我才得知，这并不存在歧视的问题，而是真实存在的心理问题。因为到了青春期后，女孩的智力发育开始慢于男孩。此时，女孩的学习成绩也容易出现"滑坡"现象。但是，如果女孩能养成主动学习的习惯，增强学习积极性，那么她的成绩"滑坡"幅度可能会降低不少，有时甚至还能避免成绩"滑坡"现象的发生。

事实上，有些女孩在学习上感到吃力，甚至一说起学习就一脸痛苦相，并不代表她们智力差，而是因为她们对学习缺乏兴趣，缺少在学习上的主动性和自觉性，只是被动地接受老师灌输的知识，死记硬背那些枯燥的公式、定理、单词……这样学习，又怎么能学出好成绩呢？

在凡凡上学前班的时候，老师偶尔会留一些家庭作业回来做，每当这时，凡凡总是一副兴致勃勃的样子，她将回家写作业，当作是一件十分有趣的事情在做。可是当真正进入小学后，这种兴趣反而在递减。

上小学三年级后，学习的任务明显繁重了，每天晚上回来后，凡凡都要花很长时间写作业，这大大挤压了她的玩耍时间。一次考试结束后，她的成绩有所退步，我忍不住批评了她几句，她却振振有词地对我说："我不喜欢学习，我喜欢给布娃娃设计和制作服装。长大了以后我要当一名服装设计师。"

我不禁想起她笨手笨脚地给娃娃做出的那些衣服，在做这件事情上，她确实非常用心，并且也乐在其中。可是孩子不知道，今后想要做自己喜欢的事情，必须要建立在自己有足够知识的基础上。

于是，我便问她："既然你那么喜欢服装设计，那你知道那些介绍服装设计的书上都是怎么写的吗？怎么才能让你所设计出来的服装符合人体的比例呢？怎样才能搭配出最好的服装色彩呢？"

凡凡一下子被我问住了，茫然地站在原地，摇了摇头。她对这些问题一无所知，当然是一个也回答不上来。于是我趁机说道："其实这些问题的答案都在书本中。但是这需要你从现在开始好好学习，总有一天你会弄清这些问题，而且以后也一定能成为一名优秀的服装设计师。"很多孩子都有自己的兴趣、爱好和梦想，只要我们善于利用他们的这些爱好，就能够激发他们的学习积极性。果然，从那以后，凡凡没有再说过"不喜欢学习"这样的话来，她的学习成绩一直处在中上游的状态。

有一天凡凡放学回家后，满脸愁容地问我："妈妈，是不是以后我就摆脱不了考试的命运了？"

"对呀。"我回答道，"只有这样，老师才能知道你有没有将学习的内容掌握住。"

"那是不是考得好就能上好大学，考不好就不能上大学？如果上不了大学，以后就只能在街上要饭了？"凡凡又问。

孩子的天真让我觉得十分有趣，于是忍不住问她："这是谁告诉你的？"

凡凡支支吾吾半天，也没有说清楚她是从哪听来的"小道消息"，但是她脸上的愁容，我可是看得一清二楚，可见她并不是在开玩笑，而是实实在在地开始为考试而担忧。看着女儿那张充满了稚气的脸，我忽然有些心疼，心疼她从此以后就要开始为学习成绩而担忧，而这种担忧会持续十多年之久。可见，她已经开始认识到学习的重要性了，但这并不能证明就一定能够学习好，因为要取得一个好的学习成绩，还需要有一个好的学习习惯。

良好的学习习惯，令学习事半功倍

对于还处在低年级的孩子而言，养成一个良好的学习习惯，远比考试考了多少分要重要得多。换言之，如果在这个时期养成了良好的学习习惯，那么对于成绩的担忧就是多余的。因为一个具备良好学习习惯的孩子，其学习成绩肯定不会差。而养成一个良好的学习习惯，必须要做到持之以恒。

当孩子进入小学后，就需要有意识地培养孩子的学习习惯了。上幼儿园时，因为没有家庭作业，所以孩子一回家便可以看动画片，有时候会和小朋友一起出去玩儿，睡觉前再读故事书。但是上小学后有了家庭作业，这就意味着以前看动画片的时间被占用了。有时候，孩子还能拒绝动画片的诱惑，专心看书，但是一旦有小朋友来找他出去玩儿，他就无法控制自己了。

这个时候，就需要我们伸出"援助"之手了。如果一开始就对孩子的行为加以规定，那么孩子的习惯更多是为了遵守规定而为之，一旦有一天这些规定并不存在了，那么孩子是否还有遵守下去的必要呢？如果在孩子遇到困难时出手，那就是帮助孩子解决问题，同时也能让孩子意识到自己的不足之处。

当凡凡为自己的成绩怎么也提高不了而感到泄气时，我与她共同商量着制定了一张学习计划表，这张表包含了两大方面，一方面是生活习惯；一方面是学习习惯。在生活习惯方面，表格要求她每天至少阅读半个小时、背5个单词、陪父母聊天十分钟、每天睡觉前回顾下当天所学的知识和所做的事情。至于看电视和玩耍的时间，只留给她一个小时的时间，可以由她自由支配。

至于学习方面的计划，因为凡凡还在上小学，所以计划的内容无非也就是上课认真听讲、大声朗读、认真写字、独立思考、质疑发问、举手回答、及时复习以及独立完成家庭作业等。随着年级的升高，计划里的内容也会有所更改，但是一旦养成了良好的习惯，那么计划的内容如何更改，孩子自己的心里自然有数，并且也会作出合理的规划。

最后我告诉凡凡，如果她能按照这张表格坚持七天，那么就会适应这种习惯；如果她能坚持一个月，她就初步养成了这种习惯；如果能够坚持半年，那么如果有一天她没有这样做，她甚至都会觉得不舒服。凡凡对我的话半信半疑，但是在我鼓励的目光中，她打算挑战一下自己。

为了让凡凡看到自己的坚持，我还特意去买了小红花，如果凡凡遵守了计划表，我就在日历上的那一天贴一个小红花。如果哪一天没能完成计划，那一天的小红花就是缺失的。第一个七天，凡凡看着贴满了小红花的一栏，自豪极了，她说自己第一次体会到了"战胜自己"的乐趣。

爱默生曾说："习惯若不是最好的仆人，就是最差的主人。"对于学习习惯而言，不存在"灰色地带"，也就是说，如果没有养成好的学习习惯，那势必就养成了坏的学习习惯。没有人可以在这两种状况之外。培养孩子良好的学习习惯，尤其考验父母的智慧和耐心，但是一旦养成，也是一劳永逸的美事。

养成计划 50
勤劳的孩子人见人爱

俗话说，"早起的鸟儿有虫吃"。

从小进行劳动观念的培养，

养成勤劳、热爱劳动的习惯，

孩子就拥有了一个成功的法宝。

如有句名言所说：

"懒散如酸醋，

会软化精神的钙质；

勤奋像火炬，能燃起智慧的火焰。"

缺少勤劳的品质，

即使坐拥黄金万两，

也有坐吃山空的那一天。

唯有勤劳，

才是孩子永不枯竭的财源。

做个懒家长，养出勤劳孩子

有句俗语叫"心灵手巧"。劳动，可以让孩子的双手和大脑得到协调的发展，使孩子的脑细胞得到更多的刺激，增强他的智力和各项能力。而且，劳动还能减少孩子的依赖心理，促进孩子的独立意识、创造意识的形成。

其实对于孩子而言，能够替家长做一些力所能及的事情，他们会感觉到"无上光荣"，会让他们感到快乐。因为这体现了他们的"价值"。不管是大人还是小孩儿，都需要找到"存在感"。

而我们大人往往在不经意间剥夺了孩子的这种"快乐"。我清楚记得小时候，看到母亲一个人做饭洗碗，照顾全家人的生活，很是心疼，于是想帮母亲扫地。我满以为母亲会夸奖我懂事，结果母亲却一把夺过我手中的笤帚，对我说："这不是你该干的事情，赶快写作业去。"

"我已经写完作业了。"我为自己申辩道。

"那就去预习预习功课，这些事妈妈来做就行了。"说完，拿着笤帚离开了。

可想而知我那做家务的热情，就这样被一盆"冷水"从头浇到脚，内心是怎样一种感受。渐渐地，我就被母亲养成了"懒姑娘"，什么家务活也不愿意干，并且理所当然地认为做家务并不是一项辛苦的工作。所以成年以后也很少帮助母亲做家务，有时候母亲会埋怨我懒，可是当我真正为她做起家务时，她总是会说："我来吧，你干不好。"要么就是对我做完的家务，挑出种种毛病。后来，当我拥有了自己的小家，我将它打扫得一尘不染时，我才发现，做好家务活，能够给人带来如此大的成就感。

正是因为有了这样的亲身体验，所以我从来不阻止凡凡做一些我们大人看起来"没用"的活。很小的时候，凡凡看到家里花草的叶子掉在地上，就懂得拿起笤帚和簸箕扫起来，尽管她还没有笤帚高，但是我很鼓励她这种行为，从来不认为她是在"帮倒忙"或是在捣乱。并且不管她是否扫干净了，我都会及时对她进行肯定："谢谢宝贝帮妈妈扫地。"

每当听到这样的话，凡凡都十分开心。在她成长的过程中，我一直会交给她一些力所能及的家务活，有时候被亲朋好友看见了，会"批评"我说："孩子这么小就让孩子干活，她能干好吗？"其实，让孩子做家务的目的并不是让孩子为自己分担什么，而是培养孩子成为一个勤快的人，让孩子在做家务的过程中产生"同理心"，了解到父母平日里的辛苦。

孩童时期是培养孩子勤劳、热爱劳动的关键时期。通常孩子到了三四岁时，就会萌发出自信心和独立性，许多事情要求自己动手做。这时，父母不仅不要阻止他，还要及时鼓励他的行为，正确引导和培养他的劳动兴趣，强化孩子的劳动观念。

当然了，让孩子做家务，并不代表着可以把家里所有的活计全部交给孩子，毕竟孩子能力有限，如果面对着自己无法完成的"艰巨"任务，不但不能培养起做家务的热情，还会让她们对做家务望而生畏。最好是根据孩子的年龄，分配给孩子能胜任的事情做。

当孩子真正学会自己做事后，他也会将这种快乐、成功的情感深化为自己的内在意识，从而变得勤劳。这不仅会使孩子的身体技能得到提升，也会增强他们的自信心，树立起独立的意识。

！ 谨记那些破坏自信力的禁语！

"你滚吧，想去哪里就去哪里！"

父母教育失败，导致孩子离家出走的事件屡有发生。许多情况下，孩子往往是被父母的话逼出家门的。当冲突爆发时，父母与孩子唇枪舌剑，互不相让。有些父母甚至利用孩子依赖性强的特点，说出这句最后通牒式的话来，其实只是想逼迫孩子就范。而不少任性要强的孩子，也就这样被"逼迫"而离家出走。

其实，在任何情况下，父母都不应该用这句话来要挟孩子，迫其改过。如果孩子的确有错，我们应明确指出。即使在批评他时，也应该让他感受到父母的慈爱和深情的关切，从而产生自强、自信、向上的力量。否则，即使孩子一时屈服了，也是暂时的，于事无补。

"除了臭美，你还会点什么！"

女孩不同于男孩，她们对美好的事物有着天生的好感和追求。所以，如果你的女儿喜欢漂亮的花裙子和美丽的蝴蝶结，千万不要批评她除了"臭美"一无是处，因为这可能会伤害她的自尊心。

即使你认为女儿过于注重外表，而忽略了其他素质的提升，也不要过于直接地斥责她，最好的办法是引导她建立正确的审美观，让她懂得心灵美比外表美更重要。比如告诉她："你穿上这件花裙子当然漂亮，但更主要的是，你在妈妈心中是个自信、乐观、懂事的孩子。"当女孩懂得，人除了外表美之外还要心灵美，还要拥有较高的素质时，她才能将精力和心思放在提升内在修养和自身能力上。